はじめに

　星、雲、石を見たとき、それらを名前で呼んでみたいと思いませんか。アンタレス、花崗岩、積乱雲など、すべての自然物は多種多様な美しさと驚きと感動を秘め、あなたに見つけられ語りかけられるときを待っています。

　地学は地球に関する学問で、人類にとって最も古い自然科学の1つ、天文学を含みます。それは自然を理解したい、美しさの謎を解き明かしたい、という知的好奇心から始まりました。この本は初めに宇宙の始まり「ビッグバン」や天体の動きなどを調べます。その次に、地球の誕生や内部構造を調べ、いろいろな岩石を観察します。地震やプレートテクトニクスについても学習します。そして、最後は私達の生活に密接な気象について調べます。いずれの内容もマクロからミクロへ（巨視から微視へ）、過去から未来へ、中心から表面へと調べていきます。

　さて、第2版はモデル図の視点を明確にしました。視点を変えると違うもの、まるで正反対に見えることがあるからです。巻末にある索引は精選し、重要語句を探しやすくする工夫をしました。今回の改訂では、理科教育に携わる亀井章雄先生、小川裕先生、織笠友彰先生にご協力いただき、心から感謝申し上げます。

　それでは、まるで生物のように進化し続ける宇宙、地球そのものを一緒に観察・観測していきましょう。過去と未来、マクロとミクロを行き来することで、広大な宇宙やロマンを感じる力がゆっくりと花ひらくことでしょう。

福地　孝宏（Mr.Taka）

目 次

第3章　地　球 ———————————————— 58

第4章　地層と堆積岩 ———————————————— 84

欄外_{らんがい}には、観察や実験で準備するものや、ワンポイントアドバイス、生徒の感想などを収録しています。本文とあわせて活用してください。

⚠注意 マークがある実験観察は、ケガや事故などが起きたり、特別な配慮の必要性が高いものです。必ず理科教育の専門家の指導のもと行ってください。

写真・資料提供・協力・取材（敬称略・順不同）

名古屋市立御田中学校、名古屋市立萩山中学校、名古屋市立東港中学校、JAXA、JAXA/NASA、名古屋市科学館、群馬県立ぐんま天文台、福井県立恐竜博物館、八戸市水産科学館マリエント、海洋研究開発機構、福井県年縞博物館、名古屋地方気象台、国立天文台（p.6 129億年前の銀河、p.13 M59、M99、M33）、西條善弘（p.10 おとめ座にある銀河団、p.11 かみのけ座銀河団、p.12 望遠鏡で撮影したアンドロメダ銀河）、J. A. Biretta et al., Hubble Heritage Team (STScI /AURA), NASA（p.10 M87）、NASA, ESA, Hubble Heritage Team (STScI / AURA)（p.10 ソンブレロ銀河）、NASA/JPL-Caltech/SSC（p.11 おとめ座の小さな領域にある銀河団）、J. Sanders, A. Fabian, (IoA Cambridge)、NASA（p.11 ケンタウルス座銀河団）、ESA/Hubble & NASA, I. Karachentsev et al., F. High et al.（p.11 がか座の空に点在する銀河団）、藤井旭、NASA（p.12 ハッブル宇宙望遠鏡、p.26 フォボス、p.52 輝く地球、p.87 土がない月、p.131 雲の渦）、FORS Team, 8.2-meter VLT Antu, ESO（p.13 NGC1365）、Marcella Carollo (ETHZ), Hubble Heritage, NASA（p.13 NGC2787）、NASA, ESA and the Hubble Heritage Team (STScI)（p.13 M82）、H. Yang (UIUC), J. Hester (ASU), NASA（p.13 さんかく座の散光星雲）、EHT Collaboration/ 国立天文台（p.15 ブラックホールいて座）、ACS Science & Engineering Team, Hubble Space Telescope, NASA（p.15 NGC4676）、NASA, ESA and Allison Loll/Jeff Hester (Arizona State University). Acknowledgement: Davide De Martin (ESA/Hubble)（p.18 M1）、ESA/Hubble & NASA（p.19 プロキシマ・ケンタウリ）、名古屋大学博物館、NASA/Johns Hopkins University Applied Physics Laboratory/Carnegie Institution of Washington（p.24 水星）、NASA/JPL-Caltech（p.24 金星、p.25 天王星、海王星）、NASA/NOAA/GOES Project（p.24 地球）、ESA & MPS for OSIRIS Team MPS/UPD/LAM/IAA/RSSD/INTA/UPM/DASP/IDA（p.24 火星）、NASA, ESA, A. Simon (Goddard Space Flight Center) and M.H. Wong (University of California, Berkeley)（p.25 木星）、NASA, ESA, A. Simon (Goddard Space Flight Center), M.H. Wong (University of California, Berkeley), and the OPAL Team（p.25 土星）、NASA/JPL/USGS（p.26 イオ）、NASA/JPL（p.26 ガニメデ、p.64 イオ）、NASA/Goddard/Arizona State University.（p.27 月の裏側）、SSV, MIPL, Magellan Team, NASA（p.50 金星、白尾元理（p.58 バリンジャー・クレーター、p.74 雲仙普賢岳、p.75 スキャルドブレイダー、p.95 伊豆大島の地層、柱状図）産業技術総合研究所 地質調査総合センター 地質標本館（p.59 アカスタ片麻岩）、釜石市立鉄の歴史館（p.79 磁鉄鉱、p.83 磁鉄鉱）、千葉県立中央博物館（p.88 三角州の写真）、文京区（p.89 ハザードマップ）、NASA/NOAA/GSFC/Suomi NPP/VIIRS/Norman Kuring（p.124 宇宙から見た地球）、牛山俊男（p.125 オーロラ）、国際連合総会（p.149 SDGs：https://www.un.org/sustainabledevelopment ※本書の内容は国連に承認されたものではなく、国連の見解を反映するものではありません）、海上保安庁、気象庁、「子供の科学」編集部、「月刊天文ガイド」編集部

 本書関連ウェブサイト

筆者が運営するYouTubeチャンネルとホームページには、本書に関連する動画や資料が掲載されています。ぜひ活用してください！

 YouTube チャンネル
「中学理科の Mr.Taka」

 地学リンクページ
HP「中学理科の授業記録」から

第**1**章 宇　宙

　第1章では私たちの宇宙を調べます。暗い夜空に肉眼で見える星は約8600個ですが、最新の望遠鏡なら無限ともいえる多様な天体を観測できます。初めに宇宙の起源「ビッグバン」を紹介し、次に現在の宇宙を構成する銀河団、銀河、ブラックホール、恒星、惑星、衛星、隕石（いんせき）、宇宙の塵（ちり）などを調べます。

1　宇宙の始まり「ビッグバン」

　これまでの観測から、私たちの宇宙は138億年前のビッグバン（大爆発）で誕生し、地球は46億年前に生まれたことがわかっています。次に、宇宙誕生の考えを提案した科学者エドウィン・ハッブルの観測を紹介します。

■ 遠い銀河の色を観測したハッブル

　ハッブルはいろいろな銀河の色を調べました。そして、遠い銀河ほど本来の色よりも赤く見えることを発見しました。この結果とドップラー効果（p.7）は、「宇宙は無（む）の大爆発から始まった」、「今も昔も宇宙は拡大（膨張（ぼうちょう））し続けている」、「現在の宇宙の端（はし）は光速で広がっている」というビッグバンの考えにつながっていきました。

129億年前の銀河
2006年、日本の国立天文台の研究グループは、すばる望遠鏡で129億年前の銀河をとらえた。古くて遠い天体は赤く見える（ドップラー効果。p.7）。

エドウィン・ハッブル
1929年、宇宙は膨張していること、遠くの宇宙ほど速く膨張していることを観測結果から証明した。アインシュタインはそれを聞き、「宇宙は膨張しない」としていた自分の考えを、「生涯最大の過（あやま）ち」だったとして訂正した。

光速と音速
光速は 300 000 000m/ 秒（1秒で地球を7.5周）、それは音速（340m/ 秒）の約 100 万倍。

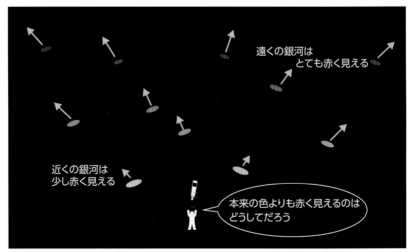

※地球は宇宙の中心ではない。宇宙のどこで観測しても、銀河は赤く（膨張しているように）見える、と考えるべきだ。

■ ドップラー効果からわかる広がる宇宙

　ドップラー効果は、動く物体の色（光の波長 p.11）や音が変わる現象です。遠ざかる天体は赤色、近づく天体は青色になります。緊急車両のサイレンが低音や高音になるのと同じです（欄外_{らんがい}）。

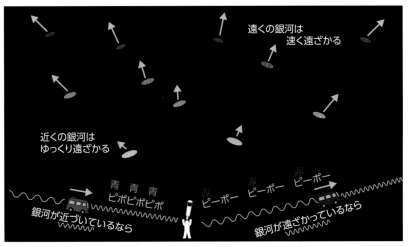

　遠くの銀河は
　　　速く遠ざかる

　近くの銀河は
　ゆっくり遠ざかる

青青青
ピポピポピポ
銀河が近づいているなら

赤　　赤　　赤
ピーポー　ピーポー　ピーポー
銀河が遠ざかっているなら

※青い銀河（近づいてくる銀河）は1つも観測できない＝宇宙は膨張している。

■ 私たちの宇宙の年表

　ビッグバンの理論は難しい数式で表わされます。その数式は宇宙が約3K（絶対零度_{れいど}から3℃高い温度、欄外）であることを示しましたが、1965年、実際の宇宙観測で2.7Kが確認されました。理論と観測データが一致したのです。さらに、宇宙誕生時の不均一_{ふきんいつ}な揺_ゆらぎが観測され、ビッグバン理論はますます信頼性を高めています。

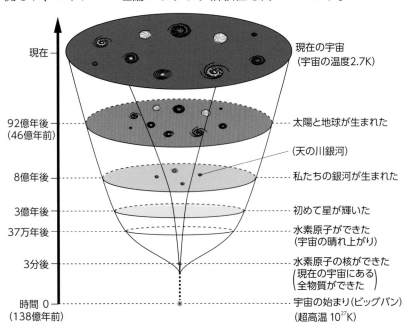

現在 — 現在の宇宙
（宇宙の温度2.7K）

92億年後 ---- 太陽と地球が生まれた
（46億年前）

（天の川銀河）

8億年後 ---- 私たちの銀河が生まれた

3億年後 ---- 初めて星が輝いた

37万年後 ---- 水素原子ができた
（宇宙の晴れ上がり）

3分後 ---- 水素原子の核ができた
（現在の宇宙にある）
全物質ができた

時間 0 ---- 宇宙の始まり（ビッグバン）
（138億年前）　　（超高温 10^{27}K）

ドップラー効果
波（音や光）の発生源や観測者が移動することで、観測される周波数（音の高低、光の色）が変化する現象。救急車のサイレンの場合、近づくときは高音（ピポピポ）、遠ざかるときは低音（ピーポー）になる。これを光にあてはめると、近づくときは青色、遠ざかるときは赤色になる。

大声を出して教室を駆け抜けるA君
A君はクラスのみんなにドップラー効果を実感してもらうために、大声を出しながら教室を駆け抜けてくれた。ありがとう！

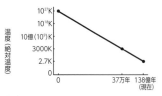

宇宙の温度の変化
生まれたときに10億の10億の10億倍と計算されている温度は、現在2.7K。なお、宇宙で1番低い温度は絶対零度（0 K_{ケルビン} ＝－273℃、p.17）。

ジョージ・ガモフ
1949年、ビッグバンによる宇宙背景放射_{うちゅうはいけいほうしゃ}（現在の宇宙の温度が2.7Kであること）を理論的に予言した。1965年、アーノペンジアスとロバートウィルソンが、これを偶然発見（観測）し、ビッグバンの考えが決定的になった。

生徒の感想
・ビッグバンの前に何もない、宇宙が生まれる前に何もなかったと聞いたときは驚いた。

2 宇宙を構成する天体

　宇宙を構成するすべての物体を「天体」といいます。天体は集合状態や大きさで下表のように分類できますが、その基準は恒星（自ら光る星）にするとよいでしょう。なお、地球は太陽を中心に回り続ける天体で、自ら光らない惑星です。遠くから見れば、その存在はほとんどわかりません。

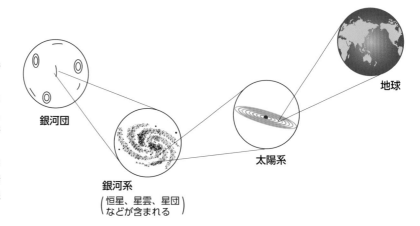

赤外線天文衛星「あかり」（JAXA）
2006年、日本が M-V ロケットで打ち上げに成功した赤外線で天体を観測する人工衛星。地球を中心に公転する。

星団の分類

(1) 球状星団
・恒星数 10 万〜数 1000 万個が球状に集まったもの
(2) 散開星団
・恒星 20 〜 300 個程度がばらばらと集まったもの（プレアデス散開星団。p.18）

ブラックホールの数
2006年、X 線天文衛星「あすか」が天の川銀河の中心方向にブラックホール 14 個を写した。今後も観測データの集積により、新発見がもたらされるであろう。

筆者の住所の階層構造
宇宙　おとめ座銀河団　天の川銀河　オリオン腕　太陽系　地球　日本　愛知県　名古屋市　昭和区

■ 宇宙の階層構造

大	宇　宙	・138 億年前に生まれた世界（私たちのすべて）
↑	超 銀河団	・銀河団の集まりで泡構造（広がり：1 億光年〜）
	銀河団	・銀河数 100 個以上の集まり　　　　　　　　　p.10
	銀河群	・銀河数個〜数 10 個の集まり
	銀河（ギャラクシー）	・恒星数 100 億個以上の集まり。星団（欄外）、星雲、ブラックホールを含む（天の川銀河、アンドロメダ銀河など）p.12〜15
	ブラックホール	・光（電磁波）を含むすべての物質を吸い込む天体　　　p.9 ・地球を半径 9mm に圧縮するとブラックホールになる
	太陽系	・太陽とそれを取り巻く天体の集まり　　　　　p.22〜27
	恒　星	・**自分で光り輝く星**（太陽、ベガ、アルタイルなど）　p.16
	惑　星	・**恒星の周りを公転する天体**（地球、火星、木星など）　p.24
	衛　星	・惑星の周りを公転する天体（月、フォボス、イオなど）　p.26
	彗　星	・とくに大きな楕円軌道で恒星の周りを公転する天体　p.22 　　（ハレー彗星、百武彗星など）
小	流　星	・数 cm までの塵が地球大気で燃え尽きたもの　　　　p.23
その他	星間物質	・水素やヘリウムなどの星間ガス（気体）と塵（固体）がある　p.18
	ダークマター	・暗黒物質（正体は調査中）

🗨 生徒の感想

・ブラックホールは本当にあるのですね。
・地球は自分で輝く星じゃない、と聞いたときショックでした。でも、太陽のように燃えていたら死んでしまうので仕方ないです。
・恒星の中では太陽は平均的な大きさの星。その質量は地球の 33 万倍だから、地球 33 万個で平均的な星の重さ（質量）になる。

3　万有引力とブラックホール

　ニュートンは、木から落ちるリンゴを見て「地球とリンゴが互いに引きあっていること（万有引力）を発見した」といわれています。これは天体の動き（第2章）を解く鍵の1つですが、万有引力でブラックホールをおおまかに説明することもできます。

■ 万有引力とブラックホールの模式図

　リンゴをビルの10階から落とすとぺしゃんこに潰れます。原因は、地球の万有引力です。この万有引力は太陽が輝く原因にもなります。ブラックホールの引力はさらに強く光さえ引き込むので、「黒い穴」として見えると考えられています。

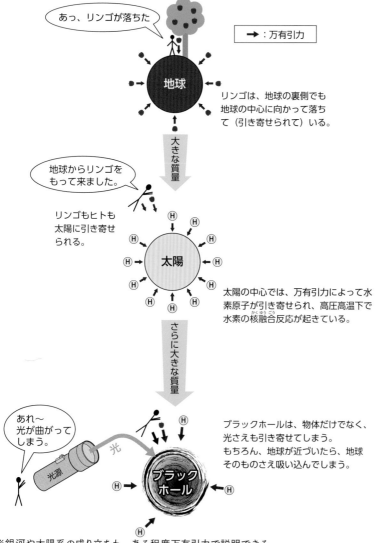

あっ、リンゴが落ちた

→：万有引力

地球

リンゴは、地球の裏側でも地球の中心に向かって落ちて（引き寄せられて）いる。

大きな質量

地球からリンゴをもって来ました。

リンゴもヒトも太陽に引き寄せられる。

太陽

太陽の中心では、万有引力によって水素原子が引き寄せられ、高圧高温下で水素の核融合反応が起きている。

さらに大きな質量

あれ〜光が曲がってしまう。

光

光源

ブラックホール

ブラックホールは、物体だけでなく、光さえも引き寄せてしまう。もちろん、地球が近づいたら、地球そのものさえ吸い込んでしまう。

※銀河や太陽系の成り立ちも、ある程度万有引力で説明できる。

アイザック・ニュートン
近代科学の祖といわれる。万有引力の他に著書『プリンキピア』（1687年）で物体の運動の3法則を示した。

台車を斜面上で滑らせる実験
物理学では地球の重力や重力加速度を調べる。

万有引力の法則
すべての物体（万物）は互いに引きあっている、という法則。太陽、地球、月、リンゴ、水素原子、小さな粒子としての光、そして、あなたと私も互いに引きあっている。

万有引力の大きさ
万有引力の大きさ（F）を求める計算式は次のとおり。質量と比例する。

> **F ＝ G ×（M×m÷ 距離 ÷ 距離）**
> G：万有引力定数
> 　（$6.67 \times 10^{-11} \mathrm{m^3}／\mathrm{kg \cdot s^2}$）
> M、m：2つの物体の質量（g）
> 距離：2つの物体の距離（m）
> 引力の大きさの単位：N

※地球の引力は月の6倍。

質量と重さ

質量	・物質そのものの量 ・単位は kg（g）
重さ	・物質にはたらく重力の大きさ ・単位は N

質量と重さは違うが、明快さのために質量を重さと記すことがある。

4 銀河団

　1つの銀河団は銀河数100個以上の集まりです。銀河を恒星100億個以上の集まりとして単純計算すると、1つの銀河団の恒星は数兆個以上になります。しかし、銀河団はとても遠いので肉眼では「ぼうっとした不思議な光」として観測されます。

天体の名称

特別な天体（銀河、星団、星雲、連星など）ばかりを集めたカタログがある。その中で次の2つがよく使われる。

(1) メシエカタログ
・1771年、天文学者メシエが提案（銀河、星団、星雲など107個）
・欠番があるので110番まである
・アンドロメダ銀河はM31
(2) NGC（ニュージェネラルカタログ）
・1888年、ドライヤーが提案
・広がった7840個の天体
・アンドロメダ銀河はNGC224

ギリシャ文字

小文字							
アルファ α	ベータ β	ガンマ γ	デルタ δ	イプシロン ε	ゼータ ζ	イータ η	シータ θ
イオタ ι	カッパ κ	ラムダ λ	ミュー μ	ニュー ν	クシー ξ	オミクロン ο	パイ π
ロー ρ	シグマ σ	タウ τ	ウプシロン υ	ファイ φ	キー χ	プシー ψ	オメガ ω

大文字							
アルファ Α	ベータ Β	ガンマ Γ	デルタ Δ	イプシロン Ε	ゼータ Ζ	イータ Η	シータ Θ
イオタ Ι	カッパ Κ	ラムダ Λ	ミュー Μ	ニュー Ν	クシー Ξ	オミクロン Ο	パイ Π
ロー Ρ	シグマ Σ	タウ Τ	ウプシロン Υ	ファイ Φ	キー Χ	プシー Ψ	オメガ Ω

■ 肉眼で観測したおとめ座にある銀河団（M87）

　おとめ座にあるおとめ座銀河団は、銀河2000個の集団（太陽の100兆倍の質量）であると考えられています。M87はその中心の1つで、日本では3月から8月にかけて観測できます。

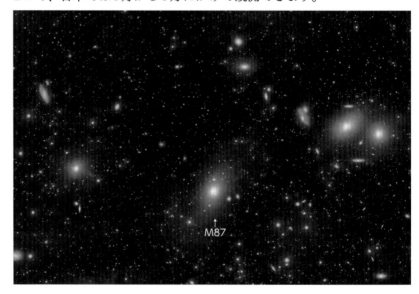

↑M87

■ 大型望遠鏡で観測したM87とM104

　大型天体望遠鏡を使うと、銀河団の中に興味深い銀河（無数の星の集まり）が見られます。そのいくつかは小型望遠鏡でも観測できます。

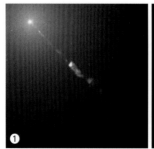

❶

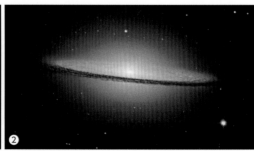

❷

①：M87　巨大楕円銀河で、中心にある超大質量ブラックホール（太陽の65億倍）付近から吹き出すジェットが見られる。　②：ソンブレロ銀河（M104）　おとめ座のスピカ（α星、おとめ座で1番明るい星）の西11°にあり、帽子のソンブレロのような形をした銀河。銀河をほぼ真横から見ている、と考えられる。太陽の8000億倍の質量。

■ いろいろな銀河団

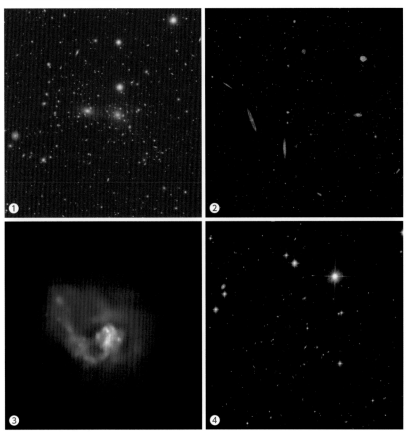

空を見上げるライオン
夜行性動物のネコ科ライオンは、微弱な光をとらえられる。また、ヒトとは違う波長（色）の星を見ることになる。

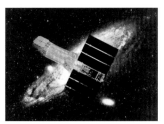

日本のX線天文衛星「あすか」(JAXA)
半径が違う約120枚の鏡（金でコーティング）を使ってX線を集める。

①：**かみのけ座銀河団の中心方向** 光って見えるものはほとんどすべて銀河だと考えてよい。 ②：**おとめ座の小さな領域にある銀河団**（赤外線で撮影）。 ③：**ケンタウルス座銀河団** X線観測衛星チャンドラ（NASA）が撮影。 ④：**がか座の空に点在する銀河団。**

■ 電磁波と可視光線で見る天体の姿

　肉眼や一般の天体望遠鏡で観測できる光は、赤から紫までの可視光線です。しかし、実際の天体はX線など可視光線以外の電磁波を出しています。したがって、コンピューター処理した色鮮やかな画像のほうが本当の姿を映し出している、ともいえます。

生徒の感想
・宇宙にはいろいろな形や色をした天体があるので、もっとたくさん調べてみたい。

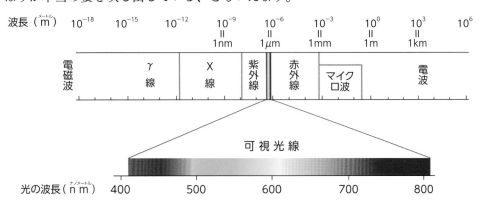

波長（m）　10^{-18}　10^{-15}　10^{-12}　10^{-9}　10^{-6}　10^{-3}　10^{0}　10^{3}　10^{6}
　　　　　　　　　　　　　　　　　　　　=　　=　　=　　=　　=
　　　　　　　　　　　　　　　　　　　 1nm　1μm　1mm　1m　1km

| 電磁波 | γ線 | X線 | 紫外線 | 赤外線 | マイクロ波 | 電波 |

可視光線

光の波長（nm）　400　　500　　600　　700　　800

5 無数の星が集まった銀河

数100億個以上の恒星（自分で輝く星）が集まったものを銀河といいます。地球から最も近い銀河の1つ、アンドロメダ銀河までの距離は250万光年です。もし、往復旅行した人類がいたとしたら、その再会はアウストラロピテクスと現代人より大きな違いがある生物どうしの出会いになるでしょう。

光速で旅行したときにかかる時間

月	1.3秒
太陽（1番近い恒星）	8分
2番目に近い恒星	4.3年
シリウス	8.6年
アンドロメダ銀河	250万年
1番遠い銀河	129億年
宇宙のはて	138億年

光と音の速さ

光	音
30万km/秒	340m/秒
地球7周半/秒	（マッハ1）

※音速（マッハ1）は光速と比べると桁外れに遅い（100万分の1）。

距離を表す単位

(1) m（メートル）
・天文分野では短すぎるのでほとんど使わない

(2) 天文単位（au）
・太陽と地球の距離
・太陽系内の距離に使う
・1天文単位＝1.5億km

(3) 光年
・光が1年間に進む距離
・銀河レベルの距離に使う
・1光年＝9兆4800億km

(4) パーセク（pc）
・年周視差（p.37）が1秒（1/360度：1cmの長さを2km離れて見たときの角度）のときの距離
・1パーセク＝3.26光年
・1パーセク＝31兆km

ハッブル宇宙望遠鏡
1990年、NASAが地球の衛星軌道に打ち上げた空飛ぶ天文台。地球の大気で吸収されてしまう電磁波まで観測できる。

■ 肉眼で観測したアンドロメダ銀河（M31）周辺の様子

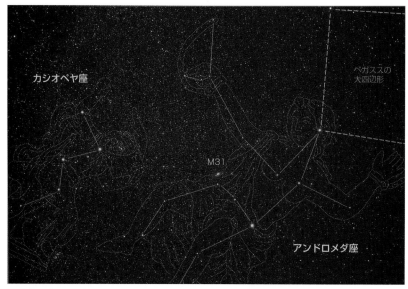

カシオペヤ座
ペガススの大四辺形
M31
アンドロメダ座

※条件が良ければ、ぼんやりとした光としてアンドロメダ銀河を観測できる。

■ 天体望遠鏡で撮影したアンドロメダ銀河

アンドロメダ銀河（渦巻銀河）　直径約22万光年、私たちの銀河の質量の1.5倍、内部に2つの巨大ブラックホールがある。アンドロメダ銀河と私たちの銀河は接近しており、40億年後に衝突し1つの巨大な楕円銀河になると予想されている（p.15）。

■ 銀河の分類

　銀河の形態や構造はさまざまです。銀河は遠く、地球から観測できるのは一方向だけなので、いろいろなデータを集めて詳しく分析することが必要です。

(1) 楕円銀河 ・単純な楕円形 ・比較的小さい	 **M59**　おとめ座にある。
(2) 円盤銀河 ・円盤のような形 ・宇宙にもっとも多く存在する ・次の（a）〜（c）に細分できる （a）渦巻銀河 （b）棒渦巻銀河 ※私たちの銀河 (p.14) （c）レンズ状銀河	 （a）**M99**　かみのけ座にある。口径10cmの望遠鏡なら星雲状に見ることができる。   （b）**NGC1365**　　（c）**NGC2787**
(3) 不規則銀河 ・明確な構造をもたず、上のどれにもあてはまらない形	 **M82**　おおぐま座にある。

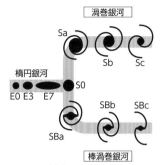

ハッブルの音叉図

ハッブルは、銀河が音叉のような形に分類できると考えたが、現在はいくつかの誤りが指摘されている。

さんかく座の銀河（M33）

300万光年の距離で、直径5万光年、質量は私たちの銀河とほぼ同じ。

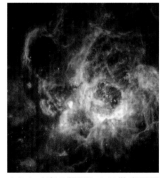

さんかく座の銀河にある散光星雲（NGC604）

M33の渦巻腕（銀河中心部に巻き付くような構造）の中にある。中心部に200個以上の明るい星。

生徒の感想

・アンドロメダ銀河は漫画の世界の話だと思っていました。

・宇宙旅行をして帰ってくると、お互いに宇宙人だと思うかも！

6 天の川銀河（銀河系）

　私たちが暮らす太陽系は、恒星2000億〜4000億個が集まった銀河系（天の川銀河）に所属します。乳白色の天の川は円盤状になって渦巻く天の川銀河を円盤方向（欄外）に見た無数の星の集まりです。

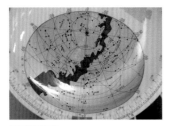

円盤方向から見た天の川銀河

肉眼で見える宇宙の範囲は狭い。夏は天の川銀河の中心方向が見えるので、微弱な無数の光が集まり、白く輝くミルクのように見える。冬は淡く、さらさらした感じに。春はほとんど見えない。

夏の星空

夏の大三角はデネブ（はくちょう座）、ベガ（こと座）、アルタイル（わし座）を頂点とする直角三角形。はくちょう座の白鳥は天の川の中央を飛び、七夕の主役ベガ（織り姫星、こと座）とアルタイル（彦星、わし座）はその両端にある。

天の川の黒いひび（暗黒星雲）

銀河の中心にはブラックホール(p.9)や星間物質がある。大量の星間物質は背後の光をさえぎり暗黒星雲（天の川中心のひび）として見える。

星座早見盤

青い部分は天の川を示す。

> **生徒の感想**
> ・今すぐ本物の天の川が見たい。
> ・宇宙は広いと思っていたけれど、人間の見る範囲がせまい。
> ・私たちの銀河系とマゼラン銀河が合体したら、太陽や地球はどうなるのだろう？

■ 肉眼で観測した夏の天の川、夏の大三角

　天の川は365日観測できますが、銀河の中心方向が見える夏はもっとも美しい姿を見せてくれます。

デネブ（はくちょう座）

ベガ（こと座）

天の川

暗黒星雲

アルタイル（わし座）

夏の大三角をつくる星は大都市でも観測できるほど明るい。

■ 南半球で観測した大マゼラン銀河と小マゼラン銀河

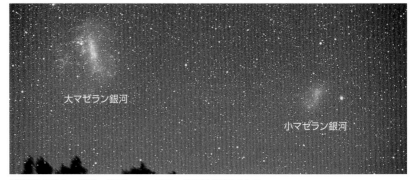

大マゼラン銀河

小マゼラン銀河

南半球では大マゼラン銀河、小マゼラン銀河を観測できる。

■ 天の川銀河（棒渦巻銀河）の模式図

　天の川銀河の中心方向はいて座（p.38）です。中心は棒状で、太陽の4 000 000倍以上の超大質量ブラックホールがあると考えられています。太陽はそのあたりを中心に2.5億年で1回転しています。

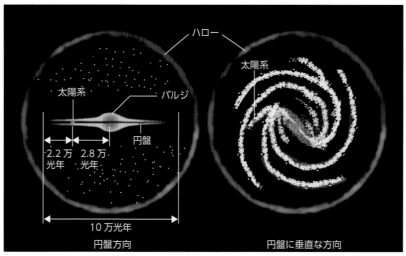

※上図の左は円盤方向（公転面の延長上）から見た図、右はその垂直方向から見た図。
※太陽はオリオン腕という筋状になった星の集団に位置し、220km/秒（1光年/1400年）の速さで公転している。すでに23周している。

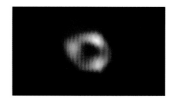

ブラックホール（いて座A*）
2022年5月、国際研究チームの協力でつくられた世界初のブラックホール画像。ただし、同年6月に異論が出され、まだ未知な部分が多い。

生徒の質問「宇宙って何?」
私たちが肉眼で観測できる範囲は非常に狭い。宇宙＝天の川銀河のごく一部、と考えることもできる（p.14欄外）。その場合、アンドロメダ銀河は私たちとは関係ないもう1つの宇宙、となる。

■ 万有引力によって近づき、1つになろうとする2つの銀河

　天の川銀河は、大小2つの小さなマゼラン銀河を伴って回転し、小さな銀河群（p.8）を形成しています。3つの銀河の距離は年々近づき、将来合体した後、さらに回転運動を続けながらアンドロメダ銀河と合体すると考えられています。

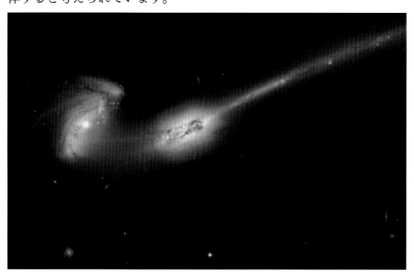

マウス銀河（NGC4676）　2つの銀河が衝突し、長い尾のようなものが伸びている。尾を含めた長さ15万光年。距離は3億光年。なお、天の川銀河とアンドロメダ銀河は300km/秒で近づいている（青く見える p.7）。

大マゼラン銀河
肉眼で見ることができる。小マゼラン銀河とともに、天の川銀河の周りを回っている不規則銀河（p.13）。地球からの距離16万光年。直径1.5万光年。質量は天の川銀河の1/10。

銀河群
天の川銀河が所属する銀河群には、大小マゼラン銀河の他にアンドロメダ銀河など数10個の銀河。

7 宇宙の基本単位としての恒星

自分で光り輝く天体を恒星といいます。ガリレオが活躍した約400年前の夜空なら肉眼で8600個数えられたでしょうが、現在は大気汚染と光害で見えません。それでも注意深く見ると、1つひとつの星の色が違うことがわかります。

■ 冬の大三角を観察しよう

冬の季節は、南の空に美しい三角形が見られます。それをつくる3つの恒星は、それぞれ違う色をしています。夜空で探すときは、見える時間や方向をインターネットで調べたり、星座早見盤やタブレットの専用ソフトを使ったりしましょう。注意点は、不規則な動きをする4つの惑星（p.24）金星、火星、木星、土星です。惑星は明るくて目立つ存在ですが、星座を探す手がかりにはなりません。逆に、星座の形をわからなくしてしまうことがあります。

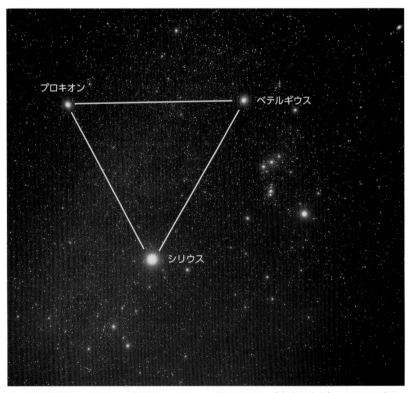

冬の大三角形をつくる3つの恒星は、おおいぬ座のシリウス（中央で白色）、オリオン座のベテルギウス（右上で赤色）、こいぬ座のプロキオン（左上で淡黄色）。

肉眼で観測するためのヒント

(1) 月がない夜を選ぶ（山奥でも、満月の日は見える星の数は少なくなる）。
(2) 街路灯のない裏道に1本入れば、数個だった星が数10個に増える。
(3) 暗いものが見えるようになるまで10分程度待つ（暗順応）。

光害（ひかりがい）
夜間の過度な人工照明が、天体観測や生物に悪影響を及ぼすこと。

星や天体の明るさ
星の明るさは、地球から見た見かけの明るさ（実視等級）と、星そのものの明るさ（絶対等級）の2つがある。

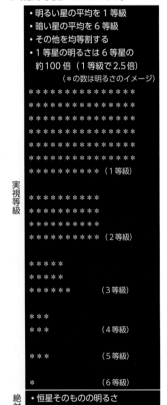

- 明るい星の平均を1等級
- 暗い星の平均を6等級
- その他を均等割する
- 1等星の明るさは6等星の約100倍（1等級で2.5倍）
  （＊の数は明るさのイメージ）

＊＊＊＊＊＊＊＊＊＊＊＊＊＊
＊＊＊＊＊＊＊＊＊＊＊＊＊＊
＊＊＊＊＊＊＊＊＊＊＊＊＊
＊＊＊＊＊＊＊＊＊（1等級）

＊＊＊＊＊＊＊＊＊＊＊
＊＊＊＊＊＊＊＊＊＊＊
＊＊＊＊＊＊＊＊＊＊
＊＊＊＊＊＊＊＊＊（2等級）

＊＊＊＊＊
＊＊＊＊＊
＊＊＊＊＊＊（3等級）

＊＊＊
＊＊＊（4等級）

＊＊＊（5等級）

＊（6等級）

実視等級

絶対等級
- 恒星そのものの明るさ
- 10パーセク（32.6光年、p.12）離れたときの明るさ

- 満月の実視等級　　　－13
- 太陽の実視等級　　　－26.8
- 太陽の絶対等級　　　＋4.8

■ 恒星の色と表面温度

恒星の色から、その星の温度と大きさを推測することができます。色はその表面温度に比例し、温度が高いと青白く、温度が低いと赤い星になります（ウィーンの変位則）。この法則は、恒星が同じような物質からできていることが前提です。

色（スペクトル型）	表面温度（K）		主な星	質量、年齢
青　　（O型）	高い	30000以上	リゲル	質量が大きい星 若い星
淡い青　（B型）		25000	スピカ	
白　　（A型）		10700	シリウス、ベガ	
淡い黄　（F型）		7500	プロキオン	
黄　　（G型）		6000	太陽	
オレンジ（K型）		4900	アルクトゥルス	質量が小さい星 年老いた星
赤　　（M型）	低い	3000	ベテルギウス アンタレス	

太陽を遠く（10パーセクの距離）から見ると、黄色に見える。

■ ガラスを加熱したときの色の変化

化学でガスバーナーの炎の温度と色について学習しましたか？　低温の炎は赤、高温の炎は青白くなります。部屋を暗くしてガラス棒を加熱すると、温度と色が関係していることがわかります。

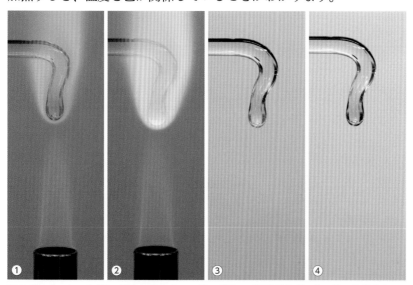

①：ガスバーナーでガラス棒を加熱する。　②：ガラスの温度が上がると、炎の色は赤から青白っぽくなる。ただし、一般のガスバーナーは最高1200℃。　③：ガスバーナーを外すと、高温のガラスが赤色を放つことがわかる。　④：ガラスが冷えると光を出さない。

恒星の名前

星座名とギリシャ文字（p.10）の組み合わせで表わす。ギリシャ文字は、星座の中での明るさの順につける。また、有名な星はニックネーム（固有名）をもつ。例えば、オリオン座α星はベテルギウス、β星はリゲル。

恒星の色＝電磁波

恒星の色は、最も強く出す光の波長（p.11）によって決まる。

物質の温度

絶対温度 （単位：K）	摂氏 （単位：℃）
273 K	0℃
0 K（絶対零度）	−273℃（絶対零度）

・太陽の表面温度6000℃を6000Kとしても誤差は約5％

※天文学は絶対温度をよく使う。

※この本は宇宙で最も低い温度を0Kとするが、1968年の国際度量衡総会における定義は「水の三重点を273.16Kとする」。三重点は約0.01℃。

生徒の感想

・私の家から星はぜんぜん見えない。月は見えるけれど……。
・自分の目で星の色を確かめたくなった。

8 星が生まれてから死ぬまで

星も生物と同じように生死をくり返します。誕生は星間物質が万有引力で集まり、核融合（かくゆうごう）が始まって温度が上昇し、10000℃で輝き始めることです。融合反応が安定すると「大人」となり、反応物質がなくなると最期（さいご）を迎えます。

太陽の一生

(1) 46億前、天の川銀河で生まれる
(2) 今後50億年輝く
(3) 低温になり膨張する
(4) 末期は赤色巨星になる
　※地球は飲み込まれる
(5) 中心部は白色矮星（わいせい）になる
(6) 周辺部は新しい星の材料になる

■ 恒星の一生

星の明るさや色や大きさは、年齢によって変わります。また、その最期は初めに集まった物質の量（質量）で決まります。太陽は冷えて終了ですが、質量が太陽の8倍以上あるものは中性子星やブラックホールに生まれ変わると考えられています。

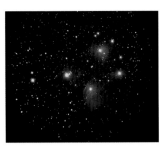

M45（すばる、プレアデス散開星団）
生まれたばかりの星の集まり。

M1（かに星雲）
爆発してばらばらに飛び散った星の残骸。中心は高速で回転する中性子星で、1054年に出現（藤原定家（ふじわらのさだいえ）『明月記』（めいげつき）にも記載がある）。

生徒の感想

・太陽は平均的な星で、46億前に生まれ、50億年後に燃え尽きて新しい星の材料になるらしい。ということは、太陽の寿命は約100億年。人間の100歳と似ている気がする。

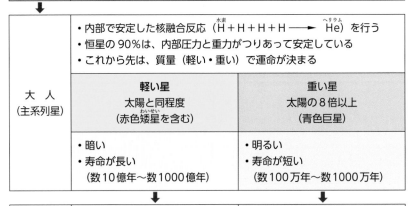

	軽い星	重い星
赤ちゃん （原始星）	・星間ガスや塵（ちり）が集まったもの（暗黒星雲） 　例：M16（わし星雲）、M42（オリオン大星雲） ・量が少ないと、地球や木星のように自ら光らない天体になる	
子ども	・主系列星（p.19）に入り、輝きはじめる ・M45（すばる、プレアデス星団）は最近（約5000万年前）誕生した子ども ・太陽は46億年前に誕生した大人	
大 人 （主系列星）	・内部で安定した核融合反応（H+H+H+H $\longrightarrow$ He（水素／ヘリウム））を行う ・恒星の90％は、内部圧力と重力がつりあって安定している ・これから先は、質量（軽い・重い）で運命が決まる	
	軽い星 太陽と同程度 （赤色矮星を含む）	**重い星** 太陽の8倍以上 （青色巨星）
	・暗い ・寿命が長い （数10億年〜数1000億年）	・明るい ・寿命が短い （数100万年〜数1000万年）
最後の時期	**赤色巨星** ・アルデバラン（太陽の約2.5倍）	**赤色超巨星** ・ベテルギウス（太陽の25倍）
死ぬ直前	・中心部は白色矮星 ・周辺部は惑星状星雲M57（こと座）、亜鈴状星雲（こぎつね座）	・超新星爆発を起こす （太陽の10億倍以上の明るさで多様な元素を生み出す）
死んだ後	**新しい星の材料** ・宇宙空間に放出されたガス雲（水素ガスや塵）	**中性子星やブラックホール** ・M1（かに星雲）

※星の寿命は初めの質量によって決まる。大きいものは明るいが短命。

■ HR（ヘルツスプルング・ラッセル）図

　HR図は、星の質量、明るさ、温度（色）、大きさ、年齢の関係を示したものです。横軸は色と温度、縦軸は明るさです。斜めに並ぶ星を主系列星（大人の星）といい、全ての恒星の約90％が入ります。太陽は主系列星で、平均よりもやや小さくて暗く、宇宙の遠くから見ると黄色に見えます。

HR図の３つの領域

(1) 主系列星
(2) 赤色（超）巨星
(3) 白色矮星

※HR図を使って、星の大きさ、年齢、星までの距離などを推測できる。

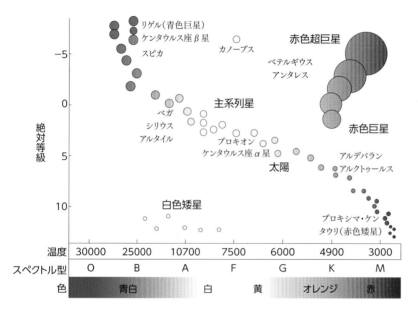

※白色矮星と赤色（超）巨星は、末期の星。

■ 恒星の大きさによる分類

　表面温度が高いほど、つまり、青白い星ほど明るくなります。この法則に反するものは、中性子星（砂粒１つほどの大きさが100万ｔ）やブラックホール（中性子星より重い）などです。

	大きさ（太陽＝1）	色	明るさ（色と明るさから、大きさを推測する）
赤色超巨星	100倍以上	オレンジ～赤	・明るい ・赤色で明るい星＝巨星
赤色巨星	10倍～100倍		
主系列星	0.1倍～10倍	7つのスペクトル型	・表面温度が高いほど明るい ・HR図では左上がりの曲線 ・HR図右下の赤色矮星は恒星全体の3/4を占めるという説もある
白色矮星	0.01倍	白	・暗い ・青白く暗い星＝小さな星

※赤色巨星は赤い（温度が低い）のに明るいから、巨大な星。
※白色矮星は白い（温度が高い）のに暗いから、小さい星。

シリウス（主系列星）
地球から見て２番目に明るい恒星（1番は太陽）で、距離8.6光年。おおいぬ座の1等星。

シリウスのデータ

質 量	・太陽の2.5倍
半 径	・太陽の1.8倍
明るさ	・太陽の26倍（絶対等級 1.5）
温度、色	・10000℃、白（太陽は6000℃、黄）

プロキシマ・ケンタウリ（主系列星）
地球から2番目に近い恒星（p.37）。4.2光年（年周視差 0.76 秒）離れたケンタウルス座にある。赤色矮星（赤色で暗く小さな星）。

9 よく研究されている恒星「太陽」

太陽はよく研究されている恒星です。宇宙全体から見れば平均的な大きさ（質量）ですが、地球からとても近いので明るく見えます。宇宙を代表する恒星として、太陽を調べましょう。

⚠ **注意** 目の損傷

- 太陽を直接見ないこと。ガリレイが晩年に失明した原因として、太陽の観測が指摘されている。

専用フィルターによる太陽の観察
日食だけでなく、太陽が活発に活動しているときは巨大な黒点を見ることができる。使用上の注意を守ること。

太陽のことを調べる生徒
教科書や資料集を調べてから観察すると、ポイントが明確になる。

■ 太陽の模式図

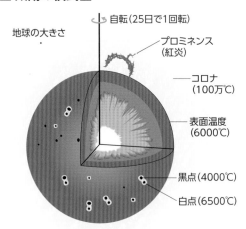

地球の大きさ

- 自転（25日で1回転）
- プロミネンス（紅炎）
- コロナ（100万℃）
- 表面温度（6000℃）
- 黒点（4000℃）
- 白点（6500℃）

プロミネンス	・表層から立ち上がった炎 ・地球20個を飲み込む大きさ（紅炎）
コロナ	・通常は肉眼で見えない ・コロナが吹き出す小さな粒の流れを太陽風といい、地球付近で20万℃、500km/秒 ・オーロラ（p.125）の原因
黒点	・周りより温度が低い部分（輝いている）
白点	・周りより温度が高い部分
その他	・超高温の気体（水素とヘリウム）のかたまりで、中心温度1600万℃ ・本体、彩層、コロナに分けることもできる ・自転速度 ・（赤道25日、極40日）

■ 太陽専用のHα望遠鏡による観測

肉眼では見えないHα線を見るフィルターを使うと、フレア（表面の大爆発）、プロミネンス、プラーシュ（黒点周囲の明るい部分）、細かい黒い筋（ダークフィラメント）などを直接観測できます。

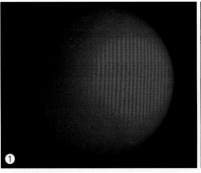

①：筆者が撮影した太陽（2011.12.28）。　②：専用望遠鏡で観察する様子。

③：写真①と同じ日の太陽を違う方法でプロミネンスを観測した。

■ 黒点を観測して、太陽の自転を確認しよう

　400年前、ガリレイは太陽の自転から地動説を証明しました。その感動をあなたの目で確かめましょう。数回連続して太陽をスケッチすれば、25日周期で自転していることを確認できます。

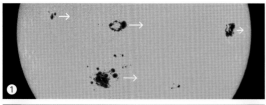

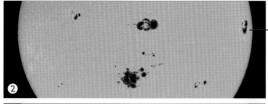

周辺部ではつぶれたように見える。

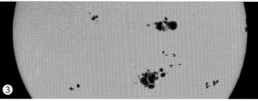

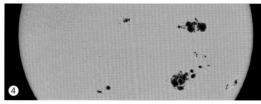

①～④：小型天体望遠鏡と太陽投影板を使って、太陽の黒点の動きを記録する。連続写真①～④は、天体望遠鏡にカメラを取り付けて、太陽の黒点の動きと変化の様子を直接撮影したもの。

■ 観測結果と結果からわかること

　太陽の表面には大小いくつかの黒点があり、西から東へ毎日移動しています。その速さから、太陽の自転周期が計算できます。また、黒点が周辺にあるときは横につぶれたように見えることから（写真②、③）、太陽はボールのような球であることがわかります。

①：ボールにチョークで黒点（円）を書き、回転させる。　②：周辺部で円の形が変形することを確認する。　③：反対側から見えはじめてきた円。

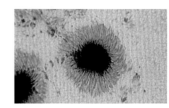

黒点の形

黒点の形は常に変わる。高温になれば消え、低くなればさらに黒くなる。肉眼で観察できるほど大きくなることもある。

太陽の東端と西端の色

精密に見ると、自転している太陽の色は不均一。観測者に近づく西側は波長が短い青色、東側は長い赤色になる（ドップラー効果、p.7）。

皆既日食

月が太陽を完全に隠す。皆既日食はコロナを観測するチャンス。

日本での主な日食（部分日食は除く）

2030年6月1日	金環日食
2035年9月2日	皆既日食

※太陽が完全に隠れるものを皆既日食、月の周囲から太陽がはみ出すものを金環日食、太陽の一部が欠けるものを部分日食という（p.27）。

生徒の感想

・太陽は星ではないと思っていた。
・太陽は特別な星だと思っていたけれど、1番近いから明るいだけ。でも、近いことは大切だと思う。
・太陽は46億歳のすごいおじいさんかおばあさん。

10 太陽系の天体

太陽を中心とする天体の集まりを太陽系といい、そこには8つの惑星があります。しかし、太陽以外をすべて合わせた質量は太陽の1/700（0.2％）なので、ほぼ完全に太陽の重力に支配されています。地球を含む太陽系の天体は、太陽が誕生したときの残骸ともいえます。

2つの回転（自転と公転）
すべての天体は自転しながら、より大きな天体を中心に公転している。太陽は自転しながら、天の川銀河を公転している（p.15）。

肉眼で観測した5つの惑星
同時に5つの惑星が見えることは、珍しい。とくに、1番内側を公転している水星はいつも太陽の近くにいるので、単独でも観測が難しい。

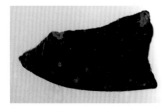

太陽系の成り立ちを解く手がかりとなる隕石
1969年、メキシコに落下した炭素質コンドライト。長年宇宙空間に存在していた。質量69g。

■ 太陽系の構造（真上から見た図）

太陽系の形は、銀河と同じような形をしています。星間物質が集まって天体ができるときの原理（p.9、p.53）にしたがっているからです。土星の環や小惑星も同じような構造です。

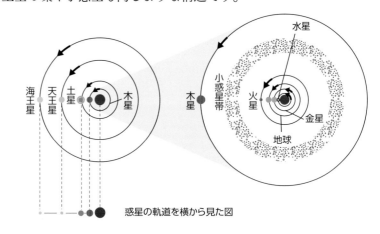

惑星の軌道を横から見た図

■ 大きな楕円軌道をえがく彗星

彗星は氷、固体の CO_2（二酸化炭素）や NH_3（アンモニア）、塵（ちり）などの集まりで、大きな楕円軌道で公転しています（p.53）。太陽に接近すると燃え、塵やイオンの尾が見えます。まき散らした物質は、流星の材料になります。

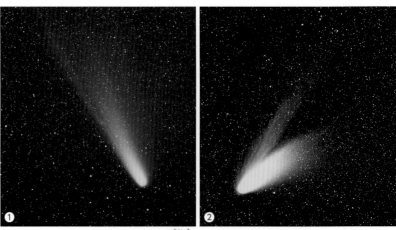

①：1986年のハレー彗星。約75年で回帰（かいき）する。初記録はBC（紀元前）240年、次は2061年。その塵はオリオン座、みずがめ座流星群になる。　②：ヘール・ボップ彗星。

■ 8つの惑星になって、自転しながら公転してみよう！

①：50mメジャーを伸ばし、次の表にしたがって並ぶ。実際の距離はこの1000億倍。右端の赤いコーンは太陽。左奥にハレー彗星がスタンバイ。

海王星	天王星	土星	木星	小惑星	火星	地球	金星	水星
45.0m	28.8m	14.3m	7.78m	3〜6m	2.28m	1.50m	1.08m	58cm

②：自転しながら公転を始める。左端の土星はタイヤを環に見立てている。　③、④：遠くから楕円軌道のハレー彗星（緑色のコーン＝矢印）がやってきた。

■ 流星（流れ星）と隕石

　流星の多くは彗星が残した塵で、1mm〜数cmの物質が地球大気に突入し、上空100km付近で燃えたものです。光度−3等級以上は火球、燃え尽きずに地上まで落下したものは隕石といいます。

①：しし座流星群（テンペル・タットル彗星の塵）　②：鉄隕石（恐竜の絶滅は、6500万年前にユカタン半島に衝突した隕石が原因、と考えられている）（提供：名古屋大学博物館）

ティティウス・ボーデの経験則

1776年、ティティウスは「太陽と各惑星の平均距離は、$0.4 + 0.3 \times 2^n$ 乗という数式で表わされる」ことを発見した。これは普遍的な法則ではない経験則だが、この式から未知の小惑星が次々に発見された。

生徒の感想

・同じ方向にばかりくるくる回って目が回りました。
・内側の惑星はもっと速く回って！
・ハレー彗星がかっこ良かった。

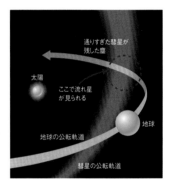

毎年同じ季節に流れ星が見える理由
地球は毎年同じ時期に彗星がまき散らした塵の中を通過する。

日本の探査機「はやぶさ」の発見（JAXA）
2010年、小惑星イトカワからもち帰った微粒子により「隕石＝小惑星のかけら」であることがわかった。

生徒の感想

・流れ星が塵やゴミだなんて！　先生、私の夢を壊さないで！

11 太陽系の惑星8個

　太陽系の惑星は、その特徴から地球型4つと木星型4つに分類できます（この間に小惑星が散在）。このうち、肉眼で見られるのは水星、金星、火星、木星、土星の5つです。

群馬県立ぐんま天文台の150cm反射望遠鏡
一般公開されている望遠鏡としては国内最大級。大型望遠鏡で観察できるチャンスを自分で探すこと。

惑星、という名前
地球から惑星を見ると、戸惑っているかのように不規則に動く。通常は東から西へ動くが（順行）、西から東へ動くときもある（逆行）。p.52欄外の図も参照すること。

公転による分類：内惑星と外惑星

内惑星	・地球の内側を公転する惑星 ・水星、金星の2つ
外惑星	・地球の外側を公転する惑星 ・火星、木星、土星、天王星、海王星の5つ

※見え方の違いは p.52。

小惑星「イトカワ」（JAXA）
2003年に打ち上げた日本の探査機「はやぶさ」は、小惑星イトカワの物質を採取し、2010年に帰還した。小惑星の物質採取に成功したのは人類初。なお、小惑星帯には「イトカワ」のような天体が無数に存在するが、その中の最大の天体「ケレス」は自身の重力で球体になった準惑星。

■ 地球型惑星と木星型惑星の特徴

地球型惑星（岩石惑星）質量1%
（ア）　地球に似た特徴をもつ4つの惑星（水星、金星、地球、火星） （イ）　主成分が岩石や金属で、固体の地表面がある（密度：大） （ウ）　質量や体積が小さく、自転速度が速い （エ）　150K（−123℃）より高温

水星／マーキュリー
- 太陽に近いので観測が難しい（日の出前と日没直後のわずかな時間）
- 大気が薄く、無数のクレーターがある
- −160℃〜340℃
- 公転周期：88日
- 衛星なし

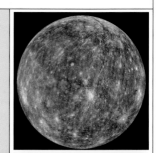

金星／ビーナス（p.50、p.51）
- 厚い大気（CO_2 98％、N_2 2％）と濃硫酸の雲におおわれている
- 大気圧90気圧、気温450℃〜500℃
- 公転周期：225日
- 地球から見た金星（p.50）
- 衛星なし

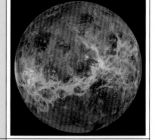

地球／アース（第3章〜第5章）
- 水や多様な生物が見られる
- 半径：太陽の1/109
- 質量：太陽の1/33万
- 気温：15℃
- 公転周期：1年（365日）
- 衛星「月」との大きさの違いは小さく、地球より遠い惑星は衛星をもつ

火星／マーズ（p.52、p.53）
- 赤い岩石（酸化鉄）で赤く見える（p.52）
- 火星全体を包む砂嵐がたびたび起こる
- 大気の主成分は CO_2 で、大気圧は地球の1/70
- 地球から見た火星（p.52）
- 気温 −100〜10℃（両極に固体の氷：極冠）
- 公転周期：1.9年（687日）
- 衛星2つ（フォボス、ダイモス）

■ 惑星の大きさの比較

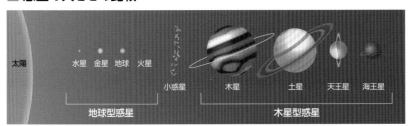

太陽	水星 金星 地球 火星	小惑星	木星	土星	天王星	海王星

地球型惑星　　　　　　　木星型惑星

太陽系の惑星の質量

木星型惑星は巨大。地球型惑星と木星型惑星の質量比は、1：99。つまり、地球型惑星4つの合計質量は1％。

土星の環
- 小さな氷や星の破片の集まり。
- 厚さ100m～200m（薄い）。
- 見かけの厚みは地球との角度で変わり、15年ごとに見えなくなる。
- 誕生や構造は万有引力の法則やケプラーの法則から説明できる。

木星型惑星（巨大惑星）質量99%

（ア）　大きな直径の4つの惑星（木星、土星、天王星、海王星）
（イ）　星間ガス（水素やヘリウム）が集まった天体（密度：小）
（ウ）　巨大で強い重力があり、衛星や環をもつ
（エ）　150Kより低温

木星／ジュピター
- 特徴的な大赤斑がある
- 自転速度が速い（9時間50分）
- 公転周期：12年
- ガリレオが発見した4つの衛星が有名（内側からイオ、エウロパ、ガニメデ、カリスト）
- 衛星95個、環あり

※木星と土星は、H₂（水素）とHe（ヘリウム）の気体（ガス）でできている。

※地表がないので、1気圧地点を表面とする（これは天王星型惑星も同じ）。

（巨大ガス惑星（木星型惑星））

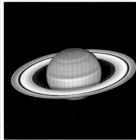

土星／サターン
- 大量の水やアンモニアを含む天体
- 低密度で水に浮く
- 速い自転による遠心力で横方向につぶれる
- 公転周期：29年
- 衛星145個、環あり

天王星／ウラノス
- 1781年、ハーシェルが手作り15cm望遠鏡で発見
- 自転軸が横倒しになっている
- 公転周期：84年
- 衛星27個、環あり
  ※環は、大きな潮汐力（p.56）で衛星が破壊されたもの

※天王星と海王星は、非常に冷たくCH₄（メタン）、NH₄（アンモニア）、H₂O（水）の液体（氷）でできている（惑星科学の慣習として、液体であるが氷という）。

※青く見えるのは、CH₄が赤い光を吸収するから。

（巨大氷惑星（天王星型惑星））

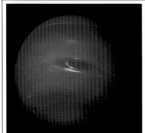

海王星／ネプチューン
- 1846年、数学的予測をもとにガレが発見
- 肉眼では観測できない
- 公転周期：165年
- 質量：地球の17倍
- 色はコンピューターによる画像処理（p.11）
- 衛星14個、環あり

12 いろいろな衛星

　ある惑星を中心に公転する天体を衛星、といいます。月は地球の衛星で、地球を中心に約1ヵ月で1回転します。火星は2個、木星から海王星までの惑星は14個〜145個の衛星をもっています。

■ 木星を中心に公転するガリレオ衛星

　1609年、ガリレイが発見した4つの衛星（内側からイオ、エウロパ、ガニメデ、カリスト）をガリレオ衛星といいます。

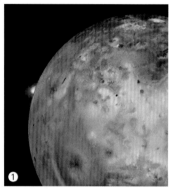 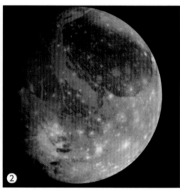

①：**イオ**　噴煙を上げる活火山がある。エウロパは氷の下に広大な海がある。月とイオとエウロパはほぼ同じ大きさ。　②：**ガニメデ**　木星最大の衛星で、水星とほぼ同じ大きさ。氷と泥からできている（比重2以下）。カリストも同じ大きさ。

■ 双眼鏡や小型望遠鏡での観測

　木星の衛星は倍率7倍程度の双眼鏡、土星の環は口径5cmの小型望遠鏡で観察できます。月は、太陽光線が真横からあたる半月（上弦の月、下弦の月 p.54）の頃がクレーターが見やすくお勧めです。

①：朝7時18分、下弦の月。光を反射している方向に太陽がある。また、屋上の垂直式日時計は正確な時間を示している。　②：月は大気がないので地面が直接見える。クレーターは周辺部が変形して見え、月が球体であることを示す。

フォボス（火星の衛星の1つ）
直径22km。太陽の光が当たる部分が見える。宇宙から見た月も地球も同じように光って見える。

月と地球は兄弟星
月は、原始地球と巨大な天体が衝突して飛び散った物質が集まってできた、と考えられている（ジャイアント・インパクト説）。

月のデータ

半径	・1738km（地球の1/4）
密度	・3.3g/cm³（地球は5.5）
重力	・0.17（地球＝1）
質量	・1/81（地球＝1）大気なし
誕生	・46億年前
温度	・−150〜120℃、生物なし
表面	・クレーター多数、過去に水
公転	・速さ：1022m／秒 ・半径：38万km 　（地球の赤道の10倍） 　（毎年4cmずつ遠ざかる） ・軌道面の傾き：6.67度
月齢	・29日12時間44分 　（新月＝0日とする）

※月の海は黒くて平ら、山は白くクレーターが多い部分。海に水はないが、山は山脈のようなものがある。なお、クレーターは燃える恒星にはできない（地球のクレーター p.58）。

月 1mm	地球 4mm	太陽 40cm

半径の大きさの比較
この図は月を1とする。地球を1とすれば、地球：太陽＝1：109。

■ 月の裏側が見えないのは？

　月の裏側は地球から見えません。自転しながら公転しているうちに2つが同調したからです。同じように地球の自転も10万年に1秒ずつ遅くなり、計算では50億年後に月と同じ面を向けあって安定します。

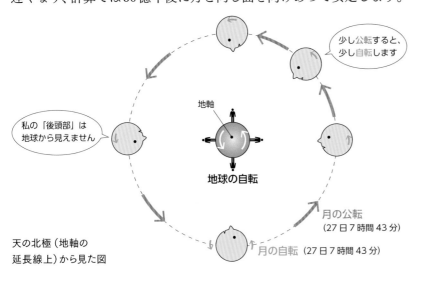

少し公転すると、少し自転します

私の「後頭部」は地球から見えません

地軸

地球の自転

月の公転
（27日7時間43分）

月の自転 （27日7時間43分）

天の北極（地軸の
延長線上）から見た図

月の裏側

■ 三球儀で新月の位置と見え方を確かめる

　三球儀は太陽（電球）、地球、月の動きを説明するものです。地球と月は、それぞれ自転しながら公転します。地軸も傾いています。

①、②：部屋の電気を消し、真横から見ると地球が半分だけ光る。この写真のように太陽、月、地球の順に並んだときは新月で、月は地球から見えない（p.54）。　③：新月を地球から見ようとする様子。太陽が眩しくて見えない。日食の可能性がある。　④：日食は月が太陽を隠す現象で、影の部分で観測できる。予定日は p.21。

地球の自転速度を示す化石

3.5億年前のサンゴがつくった年輪と日輪は、当時の地球の1年が400日だったことを示した。つまり、地球の自転速度が遅くなっていると考えられている。

月食（2011年12月10日）

①は地球の影で一部が隠れている。このような欠け方は月食の時だけ。　②は完全に隠れた皆既中の月。赤銅色になる。月食は太陽、地球、月の順に並ぶ満月のときに起こる（p.56）。

13 天体写真に挑戦しよう!

スマートフォンのカメラやデジタルカメラなどで天体写真を撮りましょう。月は簡単に撮れます。星は手動操作ができる一眼レフがベストで、三脚、赤道儀、望遠鏡の順に機材を揃えていきましょう。

双眼鏡の使い方
視野が1つの円になるように、両目の間隔を調節する。星の観察は、明るくて、広視野のものが扱いやすい。

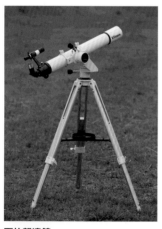

天体望遠鏡
説明書を読んで正しく使うこと。太陽は投影板を使って観察すること。

■ 月を撮影する方法

下の写真①、②は午後3時に撮影した月です。月の明るさは昼も夜も変わらないので、夜も同じように撮影できます。月食も撮れます。

月→

①：月と風景を一緒に撮る。　②：ズームアップして撮る。明るさが不適切な場合、露出補正する。手ぶれする場合は、近くにある台や柱でカメラや自分の手を固定する。

■ 三脚とカメラを使って撮影する方法

星の撮影は、望遠より広角のレンズのほうが適しています。風景を少し入れて、星の方向や動きがわかるようにしましょう。スマートフォンやデジタルカメラの場合は夜景モードも試してください。

①：カメラを三脚に固定し、撮影モード M、絞りを最大に開け、ISO800、ピント無限遠、シャッター速度30秒で撮影する。数枚撮って確認し、露出がオーバーのときは、絞りを絞るかシャッター速度を速くする。　②：写真①より簡素な装備で撮影したオリオン座、すばる、冬の天の川（撮影データ：広角24mm、絞り3.5、30秒、ISO800）。

■ シャッタースピードによる星の動きの違い

シャッタースピードを遅くすると星の動き、星の色の違いがわかります。下の③は赤道儀を使い星の動きに合わせた長時間露光写真です。

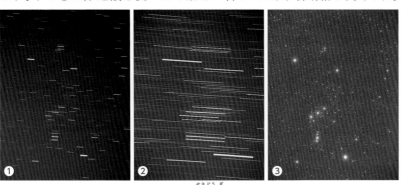

①：固定カメラで5分。　②：30分。　③：赤道儀を使って撮影。3枚ともオリオン座。

■ 星座早見盤で星や星座を調べよう

星座早見盤を使ったことはありますか？　中央の留め具は北極星で、その位置は観測場所によります（名古屋35°、北極90°）。さっそく、2つの使い方を練習してみましょう。

(1) 日時を調べる　（シリウスが20時に南中する月日）

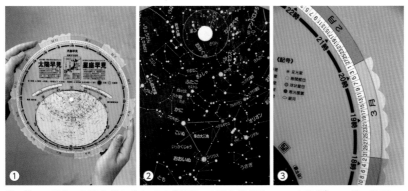

①、②：シリウスを南北線に合わせる（真南で1番空高く昇っている状態）。　③：外周の20時を探し、月日を読む（答：3月4日）。

(2) 天体を調べる　（8月17日21時に南中する天体）

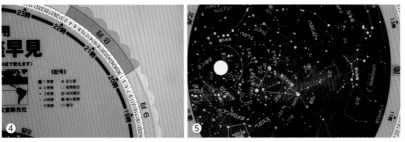

④：外周から8月17日を探し、回転盤を回して21時と合わせる。　⑤：南北線の上にある星を読む（答：こと座の1等星ベガ。ほぼ天頂に位置する）。

赤道儀

天体の日周運動に合わせて自動的に動く台（三脚）を赤道儀という。これを使うと、シャッターを何時間開けていても、星を「点」として撮影したり、かすかな天体の光を捉えたりすることができる。

星が動く角度

時　間	星が動く角度
1 時間	15度
2 時間	30度
6 時間	90度
12 時間	180度
1 日	360度

※星と太陽が動く角度（p.47）は同じ。

北天用（左）と北天・南天で使える星座早見盤（右）

南中

太陽、恒星、月など、天体が真南にくることを南中といい、その高度は最大になる。なお、太陽の南中高度は季節で変わるが（p.48）、時刻は変わらない。恒星の高度は1年中同じだが、時刻は毎日早くなる（p.57）。月は不規則。

天体の観測方法

(1) 肉眼（p.16）

(2) 双眼鏡

(3) 天体望遠鏡

(4) カメラで撮影

(5) 研究者は可視光線だけでなく、γ線、X線、紫外線、赤外線、電波などの電磁波で観測（電磁波の分類はシリーズ書籍『中学理科の物理学』）

(6) 大気の影響がない真空の宇宙空間から観測（ハッブル宇宙望遠鏡p.12欄外）

第2章 天体の動き

　すべての天体は動いています。北極星を中心に1日1回転、さらに毎日少しずつ動き、私たちに四季の星座を楽しませてくれます。天体の動きを正しく説明するポイントは、2つの視点（地上と宇宙から）を同時にとらえることです。この本では、地上からの視点を 地球、宇宙からの視点を 宇宙、で示します。それでは、たくさんの天体写真やモデル図を使って考え、天体の動きについて理解を深めていきましょう。

1　北極星と南十字星の観測

　北極星はほとんど動きません。24時間観測し続けても、1年かけて観測しても同じです。それを確かめるために、カメラを固定して撮影しましょう。月がない夜、空気がきれいな場所での撮影がおすすめです（撮影方法は p.28）。

地球の北極を示す方位磁針
地球全体は大きな磁石のようになっている。

方位磁針がなかった頃の旅
昔の人々は、北極星や南十字星などの星を頼りに旅（航海）をした。目標物がない広い海、暗い夜はとくに役に立ったことだろう。

■ 北極星を中心にした星の日周運動　　 地球（北半球）

北極星

星の動き

天の北極付近の長時間露光写真（日周運動）　4時間露出。北極星（こぐま座α星）から遠い星はたくさん動くように見えるが、北極星とつくる角度はすべて 60°（p.40 欄外）。

■ 地球の自転による「星の日周運動」　👁宇宙

　すべての星が北極星を中心に1日に1回転するように見えることを「星の日周運動」といいます。その原因は地軸を中心にした「地球の自転」で、実際に動いているのは観測している私たちです。

■ 天の南極方向の日周運動　👁地球（南半球）

　日本とオーストラリアは見える星が違います。南十字星は南半球でよく見えますが、日本で観測できるのは沖縄だけで、12月から6月までの期間限定です。

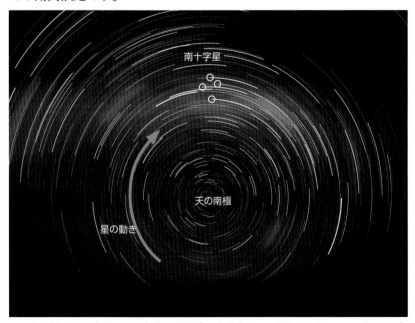

天の南極付近の長時間露光写真（日周運動）　南十字星は、北極星と比べて天の極からずれている。南半球でも、季節によって見えにくいときがある。

地球の自転速度（赤道）
- 480m/秒（マッハ1.4）
- 1728km/時
- 23時間56分4秒/周
  （恒星を基準にした1恒星日 p.57）

天球儀（天動説の説明に使う p.32）
中央の小さな青い球が地球。大きな透明な球に星が描かれ、回転する。中心軸は地軸で、その支点は北極星。下半分（青）は地平線の下で見えない。

宇宙空間にある地球
地球は宇宙空間に浮かんでいる。宇宙は上下左右や東西南北がないので、図を横にしても地球から見た星の動きは変わらない（上図は本文のものと同じ）。

💥 **生徒の感想**

・ニュージーランドに行って南十字星を見てみたい。

2 東西南北の星の動き

　日本から見た全天の星の動きを観測します。まず、東と南と西の星の動きを1方向ずつ調べます。3方向をつなぎ合わせ、最後に、天球儀や天球（天動説）を使ってまとめましょう。

東西南北を確認しよう！

北東南西は、それぞれ時計回りに90度の位置関係にある。しかし、北が上とは限らない。夜空の観測や模式図を考えるときは、初めに東西南北を確認すること。

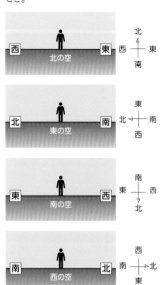

赤道で見える星、星の動き

全天の星（88星座、p38）が見える。全ての星が赤い線のように垂直に昇り、垂直に沈むように見える。

北極で見える星、星の動き

水平線より上の星は1年中見える（周極星＝出没星、p.33）。逆に、水平線より下の星は絶対に見えない。

■ 東から昇り、真南を通り、西へ沈む星の観測　　👁地球（北半球）

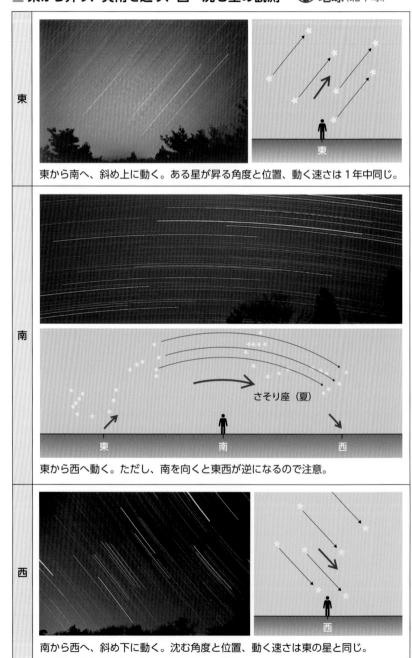

東 東から南へ、斜め上に動く。ある星が昇る角度と位置、動く速さは1年中同じ。

南 東から西へ動く。ただし、南を向くと東西が逆になるので注意。　さそり座（夏）

西 南から西へ、斜め下に動く。沈む角度と位置、動く速さは東の星と同じ。

※北の空の星の動きは、p.30 参照。

■ 天球図で、東→南→西の動きを説明する　👁宇宙から見た天動説

　p.32 の星の動きを、下の天球図に合わせて考えましょう。西は天球中央の観測者と同じ向きなので、星の動きは同じです。しかし、東は観測者と逆向きになるので、p.32 は右上、p.33 は左上へ動くように表します。ここは難しいので、欄外の説明も参考にしてください。

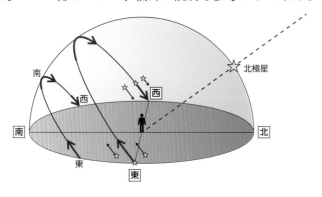

授業で東の星の動きを説明する生徒

黒板に背を向けて星を見ると、右手で指した方向に動く（上写真。左上方向）。それを黒板に書くために背を向けると、右手の指は右上方向を指す（p32 の東の空）。

■ 天球儀で星の日周運動を考えてみよう（日本）　👁宇宙

天体の動き「星」
YouTube チャンネル
『中学理科の Mr.Taka』

①、②：観測地の緯度にあわせて地軸を傾ける。名古屋の場合は北極星の高さを 35° にする。写真②は地軸の傾き（66.6°）なので違う。　③：天球儀を回して確かめる。

　日本で見た全天の星は、次のようにまとめることができます。この図から、日本では絶対に見えない星（下図⑥）の存在もわかります。

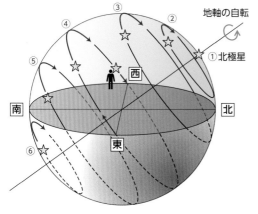

周極星	・1 年中見える星（①、②）
出没星	・地平線から出て、地平線へ没する星（③、④、⑤）
1 年中見ることができない星（⑥）	

※この方法で分類される星は、観測地点によって変わる。

生徒の感想

・南の空の星は、北の空の星とは逆向きに回転するから頭が混乱する。だけど、「東から西へ」と覚えれば混乱しない。

・北の空の周極星も、東から西へ動いている。

・全ての天体は回転しているようにみえる。なぜなら、地球が自転しているからだ（ガリレイになった気分）。

3 地球の自転を確かめる

　地球は自転している、という考えを地動説といいます。地球の自転を宇宙からではなく地上で確かめることは大変です。

■ フーコーの実験　👁宇宙から見た地球の振り子

　1851年、フランスのフーコーはとても長い振り子を作り、その動きをじっくりと調べました。そして、揺れる方向がゆっくり変わることを確かめ、地球の地軸上（北極点や南極点）で行えば、次のようになると説明しました。下図では、A君の立場になってみましょう。

①

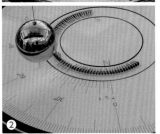

②

フーコーの振り子（名古屋市科学館）
回転方向は右回り（地球の自転の逆）。8.7°につき3本あるピン（8.7°＝1時間）は、20分毎に1本内側か外側に倒れる（②）。他のデータは以下のとおり。

位　置	北緯35度9分53秒
長　さ	27.9m
周　期	10.6秒
質　量	81kg

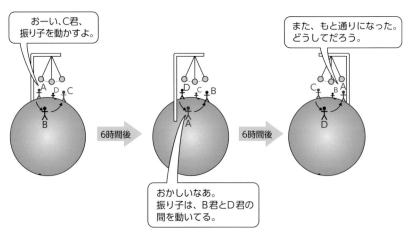

　おーい、C君、振り子を動かすよ。

　また、もと通りになった。どうしてだろう。

6時間後

6時間後

　おかしいなあ。振り子は、B君とD君の間を動いてる。

　この説明には慣性の法則が必要です。慣性は物体がいつまでも同じ運動をしようとする性質で、次の実験で確かめられます。

■ 振り子の慣性を確かめる実験

①　②　③　④　⑤

①：身近な材料で振り子をつくり、左右に振る。　②〜⑤：振り子の支点（糸を持つ手）を動かさないようにして、自分が動く。どのように動いても振り子の振動方向は同じ。

■ 揺れる回転軸（変わる北極星の位置）　👁宇宙、地球

　回転するコマの中心軸はゆっくり揺れ動きます。同様に、地球の自転軸も約2.6万年周期の首振り運動（歳差運動）をします。約1.2万年後、現在の北極星の位置にこと座のベガが輝くと考えられています。

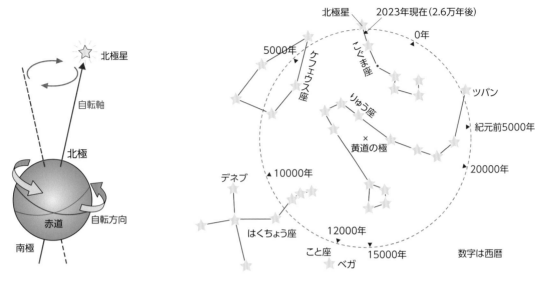

地球の歳差運動　👁宇宙から見た地動説　　　歳差運動による天の北極の動き　👁地球から見た天動説

■ 地球の自転と首振り運動を確かめる実験

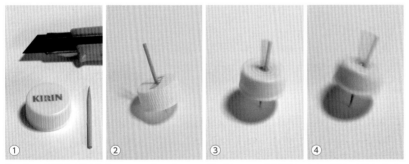

①、②：身近な材料を使ってコマをつくる。　③、④：コマを回転させる。倒れる前になると、回転軸がぶれ、首振り運動することを確認する。

生徒の感想

・ 北極星が役に立たなくなる！
・ 地球の地軸は 23.4° 傾いていることは知っていたけれど、その角度が変わるとは…。

■ ニュートンの運動の3法則

第1法則 **慣性の法則**	**・物体は力がはたらかない限り、永遠に静止（等速直線運動）し続ける** ※昔、地球は静止している、と考えられていた。この法則は、静止と等速直線運動が区別できないこと、基準によって静止しているものが変わることを示す
第2法則 **F＝ma**	**・力＝物体の質量×加速度（運動方程式）** ※物体に力がはたらくと加速度を生じる ※力が大きいほど、物体の質量が小さいほど加速する
第3法則 **作用・反作用の法則**	**・力は1対になってはたらく** ※対の力は同一直線上で、大きさは同じ、向きは反対になる2つの力

4 地球の公転を証明する

地球は太陽を中心に公転しています。これを直接証明する証拠として、近くの恒星が半年でわずかに動くように見える年周視差があります。この量はとても小さいので、大きな望遠鏡でデータを集めます。よく調べられているケンタウルス座の α 星を紹介しましょう。

三球儀
自転しながら公転する地球を説明する
実験器具。使い方は p.27。

地球の公転で説明できる現象

(1) 四季の星座
(2) 天体の年周視差（距離の測定）
(3) 太陽の南中高度の変化
(4) 気象の季節変化

※ (4) は第 6 章 (p.146)。太陽エネルギー量の変化が原因。

地球の自転で説明できる現象

(1) 天体の日周運動	
(2) 大気の大循環	p.126
(3) 海流の向き	p.127
(4) 台風の渦	p.148

■ 肉眼で観測したケンタウルス座　👁地球

ケンタウルス座の α 星

南にあるケンタウルス座は、日本では沖縄からしか観測できない。 α 星は距離 4.4 光年で、シリウス、カノープス、アルクトゥルスに次いで 4 番目に明るい（実視等級 0 等）。

■ 地球と自転と公転（地動説）　👁宇宙（天の北極側）

下図は、自転しながら公転する地球の模式図です。自転と公転の方向は同じですが、自転軸は公転面に対して 66.6° 傾いています。

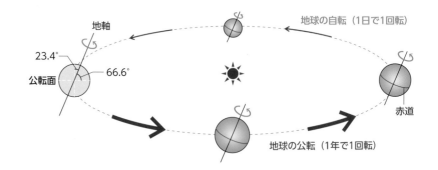

地球の自転（1日で1回転）
地軸
23.4°
66.6°
公転面
赤道
地球の公転（1年で1回転）

※東西南北や上下は、観測者が任意に決めたもの。天の南極から見れば、すべて逆回転しているように見える。本を逆さにしても宇宙は変わらない。

■ ケンタウルス座α星の動き　👀地球

　詳しい観測の結果、1つの星に見えるケンタウルス座の1番明るいα星は、三重連星であることも明らかにされています。また、これらは秒速25kmで太陽に近づいてきていることもわかっています。

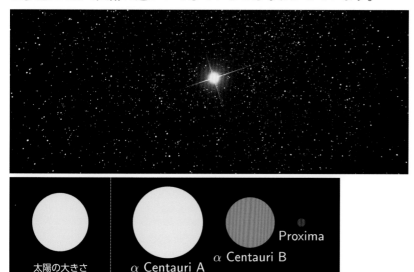

ケンタウルス座α星：3つの恒星からなる三重連星。左から大きさを比較するための太陽、主星（リジル・ケンタウルス A）、第1伴星（同B）、第2伴星（プロキシマ・ケンタウリ p.19 欄外）。地球から2番めに近い恒星。

遠心力を確かめる実験
青い液体が入った水槽を回転させると両端に水が移動する遠心力が生じる。月と地球が衝突しないのは遠心力があるから。ケンタウルス座α星の三重連星も同じ原理。

■ 年周視差から星の距離を求める方法　👀宇宙

　年周視差は、地球の公転による恒星の動きです。精密に測定すれば全ての星に視差がありますが、近い星ほど大きく動きます。

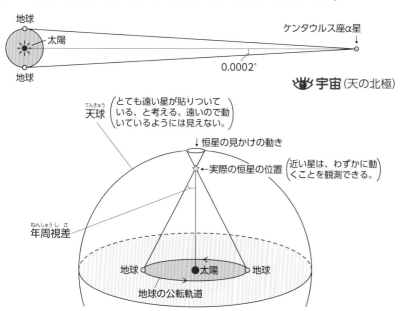

2枚の写真を比較する手法
時間の間隔をおいた写真の比較は、星までの距離、新しい星や彗星の発見に使われる。最近はコンピューターで比較する。

年周視差による距離
年周視差が1秒角になるときの距離を1パーセクという（p.12）。

🙌🏻 **生徒の感想**

・地球が動いていること、太陽が動いていることがだんだんわかってきた。

5 日本で見える四季の星座

日本の四季の星座を観測しましょう。春夏秋冬、それぞれ20時の星空を2枚ずつ、南と北の空の写真を並べます。南は季節によってすっかり変わりますが、北は北極星を中心に90°回転します（p.30）。

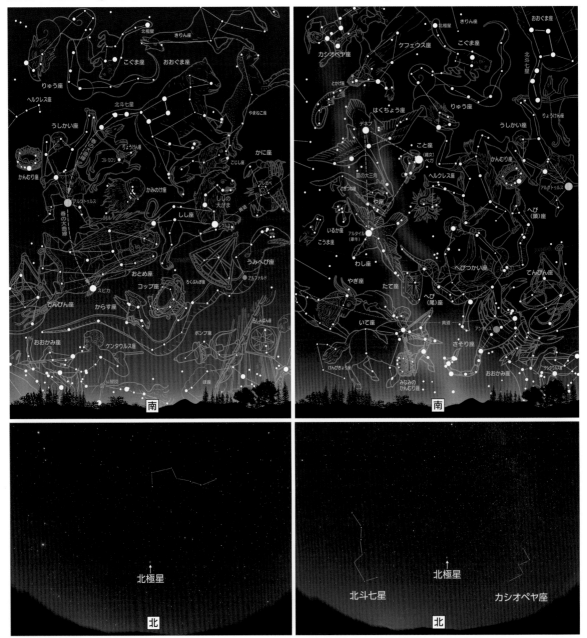

■ 春の星座　👁地球（日本）

■ 夏の星座　👁地球（日本）

南は春の大曲線やしし座（天の川はほとんど見えない）、北は北斗七星が高い位置に見える。

南は天の川を中心にした夏の大三角（はくちょう座、こと座、わし座）、北はカシオペヤ座が低い位置（東）に見える。

地球の公転による四季の変化　👁️🗨️地球(北半球)

　北の星座は、北極星を中心に反時計回りに毎日少しずつ移動していきます。東の空、南の空、西の空も同じように反時計回り(東から西への移動)になるのは地球の公転が原因だからです。p.41 では自転と公転を合わせて考えます。

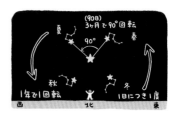

秋の星座　👁️🗨️地球(日本)

冬の星座　👁️🗨️地球(日本)

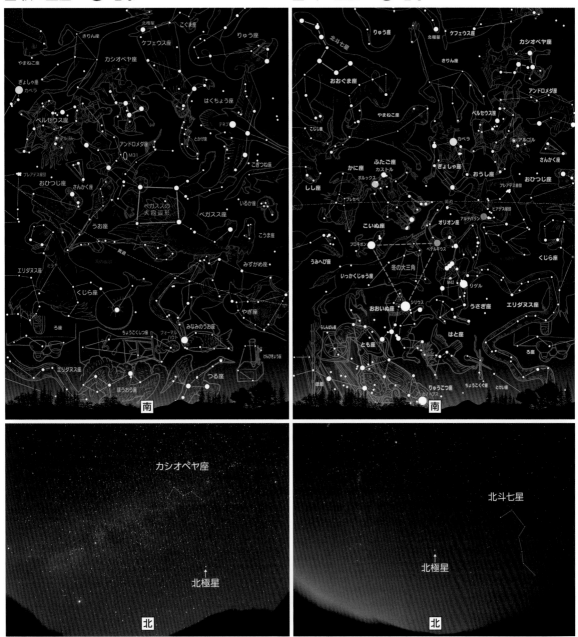

南はペガスス座やアンドロメダや東西方向に位置を変えた天の川、北はカシオペヤ座が高い位置に見える。

南はオリオン座と冬の大三角、北は北斗七星が低い位置(東)に見える。なお、空気が澄んでいる冬は1年でもっともきれい。

6 星は1日に 360° ＋ 1° 動く

　季節によって見える星が変わるのは？　それは、地球が太陽の周りを公転しているからです。1周するのに1年かかるので、私達は四季の星座のうつり変わりをゆっくり楽しむことができるのです。

天動説と地動説の比較

天動説	地動説
・プトレマイオス（2世紀）	・コペルニクス（16世紀）
・自分は不動	・自分が動く
・中心が自分	・全てが動く
日周運動　＝	地球の自転
年周運動　＝	地球の公転

地球が動く速さ（自転と公転）

地球は地軸を中心にしてマッハ1.4で自転しながら、太陽の周りをマッハ320で公転している。

黒板消しを使って説明するA君

黒板消しを自転させながら、同時に公転を説明する様子。

日周運動と年周運動の時間

2つの運動の接点は1日（黄色）。角度は 360°＋1°。時間は24時間と4分。

日周運動	時間		
15°	1時間		
30°	2時間		
45°	3時間		
60°	4時間		
75°	5時間		
90°	6時間		
180°	12時間		
360°	24時間	1°（4分）	
		1ヵ月	30°（2時間）
		2ヵ月	60°（4時間）
		3ヵ月	90°（6時間）
		6ヵ月	180°（12時間）
		9ヵ月	270°（18時間）
		1 年	360°（24時間）
		時間	年周運動

■ 天動説：すべての天体は、地球を中心にして回転する　👁地球

　星は、東から西へ1日に361°回転するように見えます。この角度は毎日の日周運動に、毎日の季節変化を加えたものです。計算式は、日周運動 360°＋年周運動 1° ＝ 361°です。

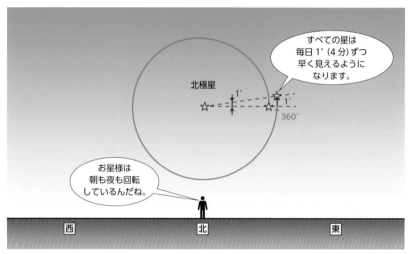

※古代メソポタミアやマヤの人々は、1年を360日（360°/360日）としていた。公転を1年365日（1°/1日）と考えても誤差の範囲内。

■ 天球を使って1日の動きをまとめる　👁宇宙（天の北極側）から見た天動説

　上図を天球に表すと、次のようになります。

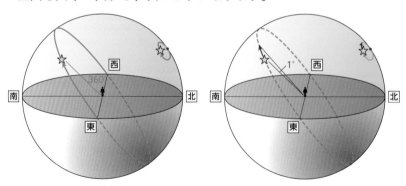

　　　星の日周運動（360°/日）　　　　　星の年周運動（1°/日）

　日周運動と年周運動による角度と時間を1つの表にまとめると、1°は4分になります（欄外）。地上から見ると、星は23時間56分で1周、太陽は24時間で1周するように見えます。

■ 地動説：地球は自転しながら太陽のまわりを公転している

👁宇宙（天の北極側）から見た地動説

　宇宙から見た地球は、自転（1 日 360°）しながら公転（1 日 1°）しています。2 つの回転方向が同じなので、星は、毎日少しずつ早く見られるようになります。考え方のポイントは、太陽を時間の基準にしている点です。翌日、太陽の正面になるまでが 24 時間です。

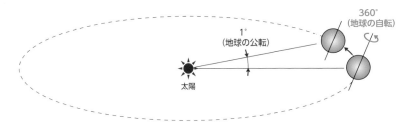

地球から見える星を説明する B さん
写真上「教室の火災報知機を太陽だと思ってください」、写真下「私が見える範囲は後ろの黒板。みなさんは眩しくて見えません」と説明。

■ 四季の星座が見える時間と方向　👁地球、宇宙（天の北極側）

　星は 24 時間、全方向で輝いています。昼間に見えないのは、太陽が眩しいからです。太陽が見えない位置になると、星が見えます。

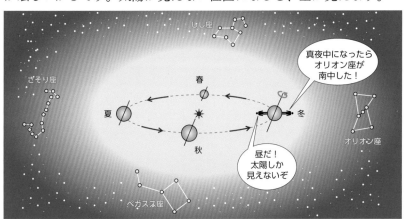

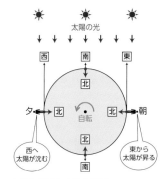

宇宙から見た方位と時間
天の北極（北極星）から見ると、地球の方位は自転によって刻々と変わる。太陽は昼 12:00 に南中する。あるいは、地球の中心を北、と考えればよい。

　上図で、地球（北半球）が冬の位置にある場合、観測できる星座はペガスス座、オリオン座、しし座の 3 つです。ペガスス座は夕方に南中し、真夜中に沈みます。オリオン座は夕方東から昇り、真夜中に南中し、朝西へ沈みます。しし座は真夜中に東から昇り、朝に南中しますが、太陽の光で見えなくなります。全て、東→ 南→ 西です。

 天体の動き「四季の星座」
YouTube チャンネル
『中学理科の Mr.Taka』

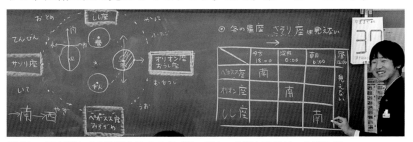

初めに、星が南中する時間を示す C 君（星の南中＝太陽と正反対、と考える）

冬、星座が見える時間＆方向　👁地球

7 全天88星座と黄道12星座

空に見える星は、地域や国によって違います。星が形づくるイメージも違います。そこで、1930年、世界の研究者たちが集まり、全天を88個の星座に区分する星の地図を作りました。

■ 日本からの見え方から分類した88星座　👁地球（北半球）

日本から見られる星座は、67個です。季節によって見える時間が変わります。年間を通して見えるのは、北極星とその周辺の星です。

北天の星座	春	かに座　しし座　おとめ座　やまねこ座　こじし座　おおぐま座 こぐま座　うみへび座　ろくぶんぎ座　コップ座　からす座　らしんばん座 ポンプ座　ほ座　りょうけん座　かみのけ座　うしかい座　ケンタウルス座					
	夏	てんびん座　さそり座　いて座　かんむり座　ヘルクレス座　りゅう座 へび座　へびつかい座　おおかみ座　こと座　はくちょう座　こぎつね座 や座　いるか座　わし座　たて座　みなみのかんむり座					
	秋	やぎ座　みずがめ座　うお座　おひつじ座　こうま座　ペガスス座 とかげ座　ケフェウス座　カシオペヤ座　アンドロメダ座　みなみのうお座 けんびきょう座　つる座　さんかく座　ペルセウス座　くじら座 ちょうこくしつ座　ろ座　ほうおう座					
	冬	おうし座　ふたご座　ぎょしゃ座　きりん座　エリダヌス座　オリオン座 うさぎ座　ちょうこくぐ座　はと座　こいぬ座　いっかくじゅう座 おおいぬ座　とも座					
南天の星座		とびうお座　りゅうこつ座　みなみじゅうじ座　はえ座　コンパス座 じょうぎ座　みなみのさんかく座　さいだん座　ぼうえんきょう座 くじゃく座　インディアン座　きょしちょう座　みずへび座　とけい座 レチクル座　かじき座　がか座　ふうちょう座　テーブルさん座 カメレオン座　はちぶんぎ座					

※黄色は黄道12星座、南天の星座は日本から観測できるものが少ない。

■ 本当の星までの距離、形が変わる星座　👁宇宙

ある星座をつくる1つひとつの星はつながっていません。地球からの距離もさまざまです。現在見られる星座は、宇宙のスケールから見れば、花火のように消え去る儚いものです。

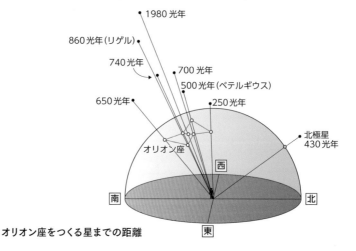

- 1980光年
- 860光年（リゲル）
- 740光年
- 700光年
- 500光年（ベテルギウス）
- 650光年
- 250光年
- 北極星 430光年
- オリオン座

南　西　北　東

オリオン座をつくる星までの距離

世界各国にあったいろいろな星座

古代ギリシャ時代にプトレマイオスが決めた48個の星座は、中世までヨーロッパを中心に使われてきた。しかし、日本や中国など多くの国には自国の星座があるため、1930年の国際天文学会で88個の星座に整理、統一された。

古代ギリシャ時代の星座

昔と現在の星座の形は違う。その原因は「太陽系そのものが銀河系内を公転していること（p.47）」。また、地球から肉眼で観測できる8600個の星の範囲はとても狭く、銀河系から見たp.15の図では表現できない。

南北に長い日本

一口に日本、といっても緯度が20°違う。見られる星座は大きく違う。

北海道宗谷岬	北緯45°
沖縄県波照間島	北緯24°

ベテルギウス
（500光年）

オリオン大星雲
（1500光年）

リゲル
（860光年）

オリオン座　👁地球

それぞれの星はとても遠いので、全て同じ距離のように、天球に貼りついて同じ配列のまま動くように見える。

■ 宇宙に散在する星、星座　👁️💫宇宙(天の北極側)

　下図は、宇宙に散らばる星を天球に貼りつけたものです。地球から見ると、それが星座になるわけです。この図のポイントは、地球の公転面を水平にしてあることです。北極星は、斜め右上 23.4° のところにあります。地球は、地軸を 23.4° 傾けたまま公転します。なお、ここに書かれている星座はこぐま座を含めて 15 個だけですが、本当は 88 個あります。

星座を書く生徒　👁️💫地球、宇宙
星座は地球からの見かけの配列。宇宙の違う場所から見れば、違った形になる。

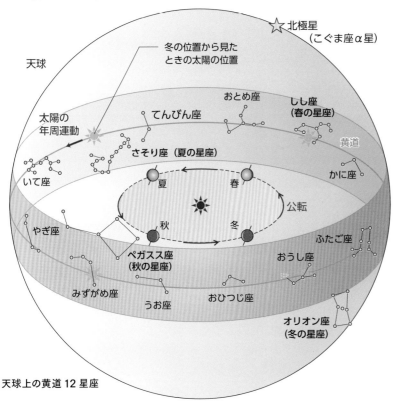

天球上の黄道 12 星座

1月生まれの星座『やぎ座』　👁️💫宇宙
冬、やぎ座は太陽と重なって見えないことを説明する筆者 (星占い p.44)。

黄道と白道
太陽が通る道を黄道、月が通る道を白道という。黄道と白道が一致するとき、日食や月食が起こる (p.27、p.55)。

※オリオン座、ペガスス座の 2 つは黄道 12 星座ではない。それぞれ、冬、秋に見える代表的な星座。なお、夏はさそり座、春はしし座やおとめ座が代表的。

生徒の感想
・誕生月の星座が変わるのは嫌っ!

■ 太陽は 12 個の星座 (黄道 12 星座) と重なる　👁️地球

　次に、星座は動かない、として考えてみましょう。地球にいる私達も動きません。すると、太陽が 1 年かけてゆっくり動くように見えます。1 日につき角度は 1°、時間は 4 分です。太陽が通る道を「黄道」、太陽と重なる 12 個の星座を黄道 12 星座といいます。

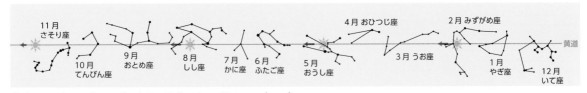

黄道 12 星座　星占いの「誕生月の星座」として使われる (p.44)

8 黄道12星座と星占い

今日の太陽はどこにありますか。実は、今月の星座は太陽があるその方向にあります。つまり、星占いに使う星座は太陽と重なり、見えません。半年後は太陽と正反対になるので、一晩中見えます。

現代の星占いの欠点＝春分点のずれ

星占いが古代ギリシャで生まれたとき、その基準となる春分点（黄道と天の赤道の交点、黄道が南から上昇して北になる点）はおひつじ座にあった。しかし、地球の歳差運動（p.35）で基準がずれ、現在の春分点はうお座にある。

へびつかい座を加えた13星座占い

へびつかい座は黄道上に入るので、これを加えた13星座の占いもある。

生徒の感想

・友達は星占いにはまっています。でも、私は星にロマンを感じても、星占いは信じません。

■ 太陽の通り道と星占い　👁地球

黄道12星座	誕生日（占いの種類で違う）	観測できる日（20時）
① 牡羊座（おひつじ座）	3月21日〜4月20日	11月 1日頃
② 牡牛座（おうし座）	4月21日〜5月21日	12月 1日頃
③ 双子座（ふたご座）	5月22日〜6月21日	1月 1日頃
④ 蟹 座（かに座）	6月22日〜7月22日	2月 1日頃
⑤ 獅子座（しし座）	7月23日〜8月23日	3月 1日頃
⑥ 乙女座（おとめ座）	8月24日〜9月23日	4月 1日頃
⑦ 天秤座（てんびん座）	9月24日〜10月23日	5月10日頃
⑧ 蠍 座（さそり座）	10月24日〜11月22日	6月 1日頃
⑨ 射手座（いて座）	11月23日〜12月21日	7月 1日頃
⑩ 山羊座（やぎ座）	12月22日〜1月20日	8月 1日頃
⑪ 水瓶座（みずがめ座）	1月21日〜2月19日	9月 1日頃
⑫ 魚 座（うお座）	2月20日〜3月20日	10月 1日頃

※表と文字の番号は対応する。

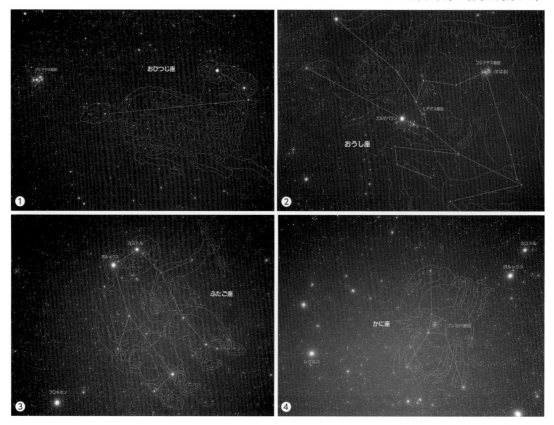

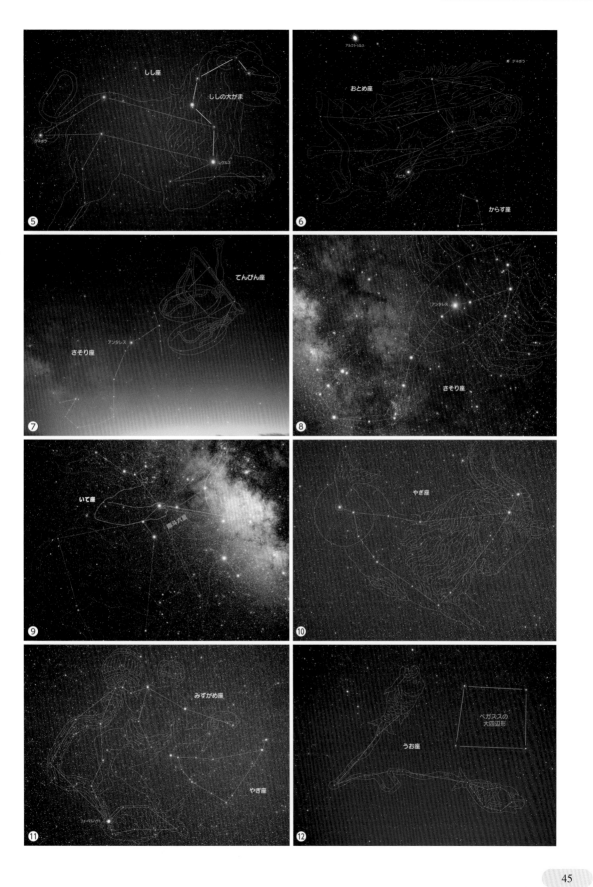

9 太陽の1日の動き「日周運動」

太陽が1日1回転、東から西へ動くことを太陽の日周運動といいます。星も日周運動をしますが、いずれも地球の自転が原因です。次に、太陽の1日の動きを透明半球で調べましょう。透明半球はこれまでに学習した天球にあたります。

準　備

- 透明半球
- 紙
- 方位磁針
- フェルトペン
- セロハンテープ
- 定規

透明半球で位置を記録できる原理
半球の中心に目を置き、そこから見える太陽を半球上に記せばよい。

短い休み時間に教室で記録する方法
校舎の床は水平。真南を向いていれば、床板に合わせて置く。

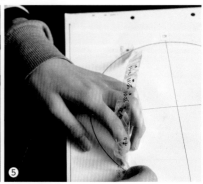

コマ型日時計
太陽の日周運動による影の動きで時刻を求める。設置場所の緯度を調べ、日時計の棒と地軸を平行にする。

■ 透明半球で太陽の日周運動を観測する方法　👁 地球

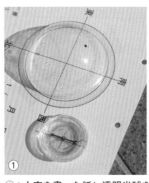
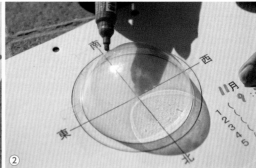

①：十字を書いた紙に透明半球を固定し、方位磁針で東西南北を合わせる。
②：ペンの先端の影が中心になる位置を探し、半球上に記す（時間も記録する）。

③：1時間おきに太陽の位置を記録する（休み時間ごとでもよい）。同じ場所で記録できない場合は、東西南北だけでなく、水平にも気をつけること。

④：翌日、記録を残すためにセロハンテープを貼り、油性ペンで写し取る。
⑤：天球からゆっくり剥がし、別のセロハンテープで裏打ちする。

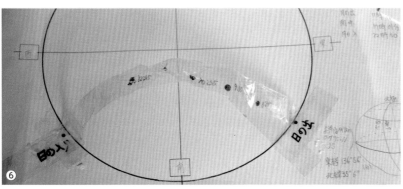

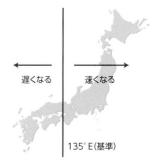

太陽の日周運動のモデル
太陽は東から昇って南中し、西へ沈む。これは世界中同じ。

⑥：記録から日の出と日の入の位置を予測し、記しておく。テープは天球の形を保っているが、折り畳んでおけば、いつでも長さや角度を振り返ることができる。

■ 日の出、日の入時刻を求める方法　👁️ 地球

太陽が動く速さは一定なので、日の出や日の入の時刻を求めることができます。長さを測り、簡単な比例計算をしてみましょう。

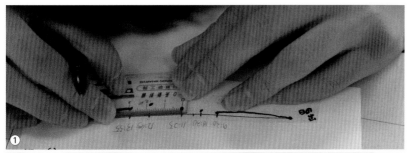

①：各データ間の長さを測り、表にする。　②：表から、時間と距離の関係を求める（例：1時間で1.2cm）。次に、最後の記録から台紙までの長さを測り、日の出、日の入までの時間を求める（例：台紙まで3cmなら、3cm÷1.2cm/時＝2.5時間）。この時間を足すか引けばよい。

■ 角度で表す速さ「角速度」　👁️ 地球

太陽が動く速さは一定ですが、小さな半球と大きな半球では、動く距離が違います。これを解決する考え方として、角速度があります。地球を中心に太陽が回転していると考えた場合、1時間あたり角度は15°進みます。もちろん、実際に動いているのは地球であり、その自転速度は15°/時です。

日本標準時と南中時刻

日本の標準時は東経135°（兵庫県明石市）で決める。したがって、それ以外の場所では南中時刻が12:00にならない。東経135°より東は12時前、西は12時後に南中する。1°につき4分違う。

遅くなる　速くなる

135°E（基準）

太陽が動く角度

時　間	太陽が動く角度
1時間	15°
2時間	30°
6時間	90°
12時間	180°
1日	360°

※恒星が動く角度と同じ（地球の自転による角度と等しい p.40）。

第2章

10 太陽の1年の動きと南中高度

太陽の高さを調べると、夏は高く、冬は低くなります。太陽が1年でゆっくり動くことを太陽の年周運動といい、原因は地球の公転です。太陽の年周運動（＝地球の公転）の基準は春分と秋分です。この日は国民の祝日で、昼夜12時間ずつになります。

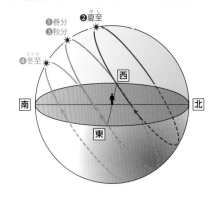

■ 北緯35°から見た四季の太陽　👁️地球から見た天動説

1年中同じこと	毎日変わること
(1) 動く速さ	(1) 南中高度
・朝も昼も同じ	(2) 昇る位置
・夏も冬も同じ	(3) 沈む位置
(2) 昇る角度	(4) 昼と夜の時間
(3) 沈む角度	

※南中高度は、❶→❷→❸→❹→❶→❷→❸→❹のようにローテーションする。

■ 南中高度の計算　👁️地球から見た天動説

太陽の南中高度の基準は春分（秋分）の日です。その求め方は、90°から観測地の緯度を引くだけです。夏至と冬至の高度は、それに地軸の傾き23.4°を加減して求めます。

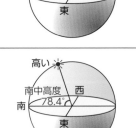

❶ **春分の日**
❸ **秋分の日**
= 90° − （観測地の緯度）
= 90° − 35°
= 55°
・正確には真東でも真西でもない
・時間は昼が15〜20分程度長い

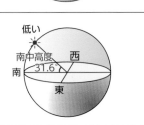

❷ **夏至の日**
= 55° + （地軸の傾き）
= 55° + 23.4°
= 78.4°

・昼14時間半、夜9時間半

❹ **冬至の日**
= 55° − （地軸の傾き）
= 55° − 23.4°
= 31.6°

・昼9時間半、夜14時間半
・地平線から昇る角度は、1年中同じ

簡単な南中高度の測定
真昼に腕を伸ばして太陽を指せば、そのときの腕と地面がつくる角度が太陽高度。

経線（子午線）と緯線

経線	・北極点と南極点を結ぶ大円 ・子午線ともいう（子午線の子は北、午は南の意味） ・基準はグリニッジ天文台（東経180°、西経180°まで） ・日本の基準は東経135°（明石、p.47欄外）
緯線	・赤道は緯度0° ・北は北緯、南は南緯（それぞれ90°まで）

実習：自宅での南中高度を求めよう
上図から、自宅の緯度を読み取り、南中高度を求めてみよう。本文は北緯35°で計算したもの。

📝 **生徒の感想**

・冬の太陽はとても低いところを動いているので驚いた。

■ 三球儀で夏と冬の太陽光を調べる実験　👁宇宙から見た地動説

　p.27で使った三球儀で実験します。ポイントは地軸の傾きです。日本の夏は、太陽が頭上から当たります。冬は日本の地面が天井を向いたような位置になり、光が斜めになります。

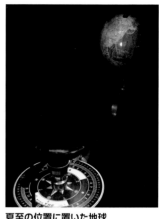

夏至の位置に置いた地球
三球儀の台座には、地軸の傾きと合わせ1年間の目盛りがある。

①：夏の位置に置いた太陽と地球。日本は黄道面より北になる。　②：冬の位置。

■ 夏至と冬至の太陽の南中高度（日本）　👁宇宙から見た地動説

　上の写真①、②は下図と対応しています。比較してみましょう。

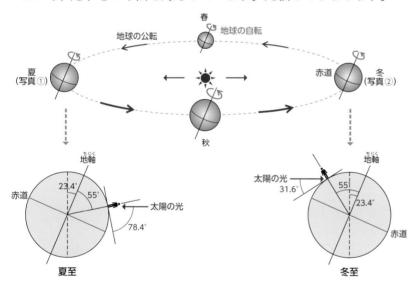

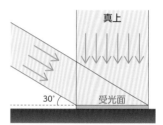

照射角度による日射量の変化
同じ面積でも、太陽の角度によってエネルギー量が変わる。関連 p.126 欄外。

> **生徒の感想**
> ・太陽の南中高度が変わる（季節ができる）原因は、「地軸の傾き」と「地球の公転」の2つ。
> ・北半球と南半球の季節は逆になる。本を逆さまにして見れば、北と南の太陽の当たり方が逆になる。

■ 世界各地の春分、秋分の太陽の動き　👁地球から見た天動説

　観測地の緯度によって、太陽の高さが変わります。下図は基準となる春分、秋分の日の太陽の動きで、太陽は南中時の位置です。順に変わることを確かめてください。

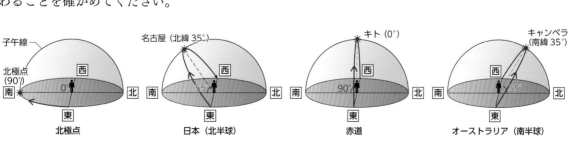

11　1番明るくなる惑星「金星」

　金星はビーナス、明(あ)けの明星(みょうじょう)、宵(よい)の明星、1番星など数多くの呼び名があります。金星が美しく輝くのは、地球に1番近い惑星で、太陽光を強く反射するからです。

1等星より200倍以上明るい金星
最大光度−4.9等級(p.16欄外)に近づいた金星は「三日月」の形に見える。

金星が見える時間と方向

夕方	真夜中	朝方
西 ④〜⑥	絶対に見えない （金星は太陽の 方向にあるから）	東 ①〜③

※①〜⑥は p.51 本文の図。

金星との距離と大きさの関係

距　離	金星の見かけの大きさ
近い場合	大きい　①、⑥
遠い場合	小さい　③、④

もし、金星が非常に遠ければ、大きさは観測不能で、光点としての位置だけを調べることになる。

授業で満ち欠けを説明する生徒
地球から見える範囲を示せばよい。

生徒の感想

・時間と方向は、単純に「太陽の近く」と覚えればいいよ。近いから朝と夕方だけ、近いから東か西、と覚える。

■ 肉眼によるビーナスの観測　👁️地球

　事前にインターネットや天文に関するデータブックなどで観測できる時間と位置を調べます。資料がなくても、太陽（夕日、朝日）の近くを探してください。明るくキラキラと金色に輝く星があれば、それは高い確率で金星です。

夕方、西の空に見える宵の明星（金星）と三日月

■ 大きさが変わる金星　👁️地球

　金星そのものの大きさは変わりませんが、見かけの大きさは毎日変わります。金星と地球の距離が近くなれば大きくなる、遠くなれば小さく見える、という単純な理由です。

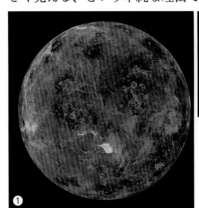

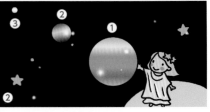

①：探査機マゼランが写した金星　　②：①〜③の順に遠くなる。この番号は、p.51本文の図とも対応している。　　※見かけの大きさは、半径で6倍、面積で36倍変わる。

■ 宇宙から見た金星、地球から見た金星　👁️ 地球、宇宙 (天の北極)

金星は見かけの大きさだけでなく、月のように満ち欠けします。形が変わる原因は、自ら輝いていないこと（太陽の光が当たる部分が光る）、太陽を中心に公転していることです。

金星と地球の会合周期
金星の公転周期は 225 日。太陽、金星、地球が並ぶ会合は 19 ヶ月ごと。

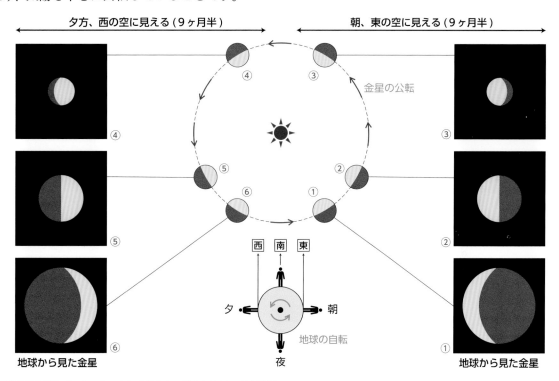

夕方、西の空に見える (9 ヶ月半)　　　朝、東の空に見える (9 ヶ月半)

金星の公転

④　③

⑤　②

⑥　①

西　南　東

夕　朝

地球の自転

夜

地球から見た金星　　　　　　　　　地球から見た金星

※地球は公転していないものとして考える。満ち欠けは p.55 参照。

■ 宇宙から見た図の視点「天の北極」　👁️ 宇宙

上の中央の図は、北極星から見たものです。真上から地球を見下ろしている図です。つまり、地球の地軸はその中央になり、反時計回りに自転しています。太陽に向いた半分が昼、逆が夜になります。金星も同じように、その 1/2 が輝いています。

また、地球の時間と方向は、太陽を基準にしてくるくる変わります。わからない人は、p.41 欄外を見直してください。

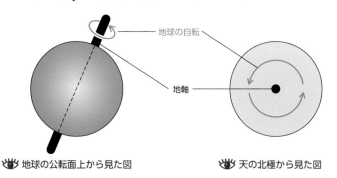

地球の自転

地軸

👁️ 地球の公転面上から見た図　　👁️ 天の北極から見た図

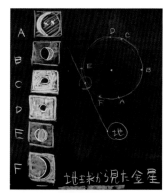

授業で示した金星の見え方
半月のように見える点は、点 E と点 F の中間にある円の接点。太陽との離角は約 45°。なお、天体望遠鏡で見ると上下左右が逆に見える。

12 本当に赤い火星の動き

　地球のすぐ外側を公転する惑星、火星を観測しましょう。火星は火のように赤い色をしています（p.24）。この火星と競うように赤く輝く星は、さそり座の赤い心臓アンタレスです。

■ 肉眼による観測　👀 地球

　夜空で探す前に、本やインターネットで時間と位置を調べます。ただし、太陽系の惑星はほぼ同じ公転面上を公転しているので、太陽の通り道を東→南→西の順に探し、その途中に明るく赤い星があれば火星です。木星や土星も同じように探すことができます。

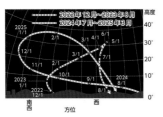

太陽の光を反射して輝く地球
暗黒の宇宙から見れば、地球は太陽の光を反射している部分しか見えない。

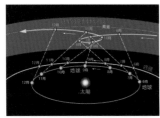

日没30分後に見られる金星の位置

2つの赤い星　アンタレスの意味は火星の敵。赤い火星とその赤さを競い合う。

■ 地球からの内惑星と外惑星の見え方　👀 地球、宇宙 (天の北極)

　太陽の惑星8個は、地球の公転軌道の内外によって内惑星と外惑星に分けられます。それらの見かけの大きさ、明るさ、形、観測できる時間や方向は、下表のように分けられます。

	内惑星	外惑星
惑星	水星、金星	火星、木星、土星、天王星、海王星
見かけの大きさ	地球との距離によって変化する	
見かけの明るさ	（変化量は遠い惑星ほど小さい）	
満ち欠け	する	ほとんどしない
見える時間	夕方・朝方	夕方・夜中・朝方

うろうろする惑星の動き

名　称	動く方向
順行	・惑星の通常の動き ・西から東へ
逆行	・まれにある動き ・東から西へ

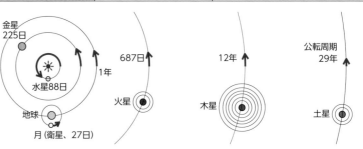

■ 宇宙から見た火星、地球から見た火星　👁🌏 地球、宇宙 (天の北極)

　火星も金星と同じように、大きさが変わると同時に満ち欠けします。ただし、変化量は金星より小さくなります。また、地球の外側を公転する外惑星なので、真夜中に観測できます。

火星と地球の会合周期
火星の公転周期は 1.9 年。太陽、地球、火星が並ぶ会合は 2.1 年 (2 年 2 ヶ月) ごと。

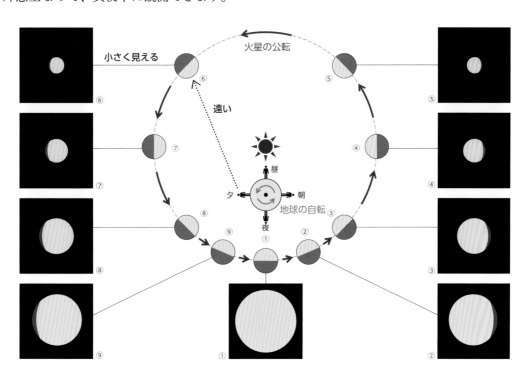

■ ケプラーの法則　👁 宇宙 (天の北極)

　太陽系の惑星は、太陽の重力に支配されています。下図で示すケプラーの法則、ニュートンの万有引力の法則、および、運動の 3 法則によって、ほぼ正確に計算できます。なお、すべての天体は彗星と同じように、楕円軌道で公転しています。

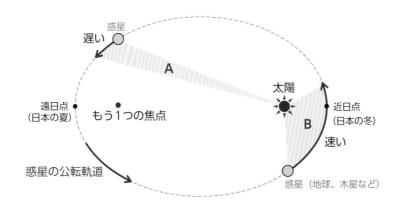

ケプラーの法則

1	・楕円軌道の法則 (惑星は楕円軌道上を公転する)
2	・面積速度一定の法則 (惑星と太陽を結ぶ線分は、同じ時間に同じ面積を描くように動く、A = B)
3	・調和の法則 ($a^3/T^2 = 1$　a は惑星と太陽の平均距離、T は公転周期)

※万有引力の法則 (p.9) はケプラーの法則から導かれた。

※ブラックホールや巨大質量の天体には違う法則や計算式が必要。

※楕円は 2 つの焦点があるが、その 1 つは太陽、もう 1 つは何もない。ケプラーの法則は、上図の面積 A = B、になることがポイント。

13 月の満ち欠けを調べよう

月の動きと月が満ち欠けする原因を調べましょう。原因は2つです。1つは地球の自転による日周運動、もう1つは月の公転によるもので筆者は「月周運動（欄外参照）」と名付けました。

■ 月の日周運動（地球の自転）の観測　👁 地球

月の日周運動は簡単に観測できます。月が見えたら、しばらく同じ場所で見ていましょう。東から西へ、1時間に15°の速さで動きます。その原因は1日360°（15°/時）回転する地球の自転です。

①、②：建物や電線があると月の方向、位置、速さがよくわかる。椅子に座って観測すると、位置が固定できる。①は17:22、②は18:22に撮影。

■ 月の月周運動（月の公転）の観測　👁 地球

毎日同じ時刻に月を探すと、位置と形が大きく変わることがわかります。その原因は1ヵ月で360°回転する月の公転です。毎日、太陽から遠ざかるように東へ12°（360°÷30日）、約50分（24時間÷30日）移動します。太陽より回転が遅いように見えます。

月の名称 (p.55の番号)		月の見え方	
		時　間	方　向
新　月	①	観測不能	太陽と同じ方向
三日月	②	夕　方	西
上弦の月	③	昼〜夜	太陽より西90°
満　月	⑤	夕〜朝	太陽と正反対の位置
下弦の月	⑦	夜〜昼	太陽より東90°
(月齢27頃)	⑧	朝	東
新　月	①	観測不能	太陽と同じ方向

※月は、金星や火星と同じように太陽の光を反射することで輝く。
※月が光っている方向に太陽がある。

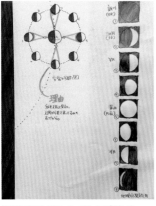

ある新聞の切り抜き「きょうの月」
ここにある主な項目は、月入、月出、月齢。日付順に貼ると変化がよくわかる。

月周運動
月が1ヵ月で地球の周りを1周するように見える運動。筆者の造語。

年周運動	・地球の公転（月はとくに関係なし）
日周運動	・地球の自転（1日に1回転する動き）
月周運動	・月の公転（実際と見かけの動きが同じ）

授業でまとめたAさんのプリント
月の番号①〜⑧は本文と同じ。

生徒の感想

・月は形がばんばん変わった。
・3日目の月は三日月、満月は十五夜お月様。

■ 宇宙から見た月、地球から見た月　👁地球、宇宙(天の北極)

　天の北極から見ると、月と地球は太陽に向いた半面だけが輝いています。これを地球から見たものが欄外の写真①〜⑧です。

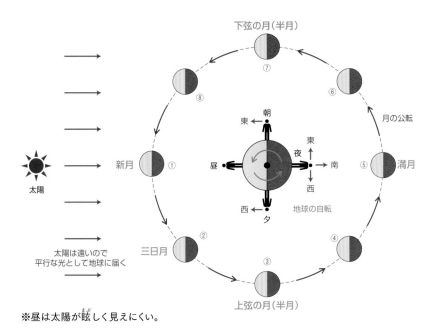

太陽は遠いので
平行な光として地球に届く

※昼は太陽が眩しく見えにくい。

■ 満ち欠けを説明してみよう！　👁地球、宇宙(天の北極)

　上図の場合、②の三日月は左に光が当たっているのに、地球から見ると右が光って見えます。逆になる原因は、②を見ている人が逆さまになっていることですが、授業での説明を2つ紹介します。

①、②：背中を向けて2色のペンをもつ。正面を向くともち直す必要がある。

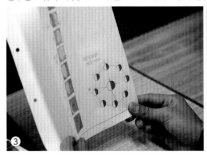
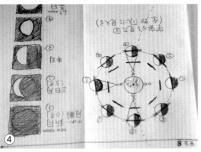

③：人が逆さまなら、プリント(この本)を逆さにして見ればよい。　④：地球から見える範囲を正確に書いていけば、自然にわかる。

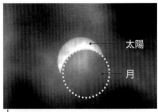

①新月(日食のときに観測できる)

②三日月(夕方、西の空に見える)

③上弦の月(昼に東から昇り、夕方に南中、真夜中に西へ沈む)

⑤満月(夕方に東から昇り、真夜中に南中、朝に西へ沈む)

⑦下弦の月(真夜中に東から昇り、朝に南中、昼に西へ沈む)

⑧(朝、東の空に見える)

14 日食と月食

太陽と地球と月が一直線上に並ぶことがあります。このとき太陽が月に隠されることを日食、月が地球の影に入ることを月食といいます。ただし、3つの天体は互いに遠く離れているので、完全に一直線上に並ぶことは稀です。

■ 日食と月食の位置関係　👁宇宙

日食は新月、月食は満月のときに起こります。月の大きさは太陽の1/400ですが、地球から見ると、太陽と月はほぼ同じ大きさに見えます。これはまったくの偶然です。また、地上で日食が見える地域は狭く珍しいのですが、月食はとても広い範囲で見ることができます。

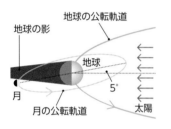

地球の公転軌道と月の公転軌道は5°ずれている。地球がつくる影は月より大きいので、月食は日食より観測できるチャンスがかなり大きい。

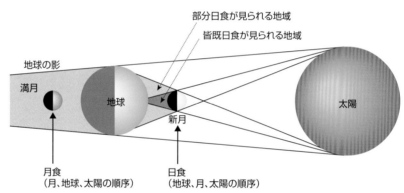

※太陽は月より400倍大きいが、400倍遠いのでほぼ同じ大きさに見える。
※地球がつくる影は、月よりも大きいので広い地域で観測できる。

■ 月の引力による潮汐（満潮と干潮）　👁宇宙

海水面の高さは、月の引力によって毎日変化します。月に引っ張られる「満潮」、その逆の「干潮」が1日に2回ずつあります。さらに、日食や月食のように、太陽と月と地球が一直線に並ぶ日の満潮は、より変化が大きい「大潮」となり、1ヶ月に2回あります。なお、海水面からの陸地の高さである海抜は、その平均値を使います。

潮干狩り（愛知県知多半島）
海抜が低い干潮、とくに、小潮のときが狙い目。砂の中にもぐって生活しているアサリやシジミを採取する。

月の反対側も膨らむ理由
作用反作用の法則で、月がある側とない側の2カ所が同じように膨らむ（満潮）。凹む理由も同じ。

※月と正反対の位置が膨らむ理由は、欄外参照。

15　1日の定義

　時間の決め方は、基準の取り方によって変わります。日本は1872年12月31日（明治5年12月2日）まで太陰暦でしたが、現在は太陽暦を採用しています。この他、恒星を基準にする方法もあります。

■ いろいろな1日の定義　👁🌏地球

名　称	地軸に対する地球の自転	太陽時による1日
恒星日 恒星の南中から南中まで	360°	・23時間56分04秒 ・毎日、4分ずつ早くなる（p.40）
太陽日 太陽の南中から南中まで	361°	・24時間00分00秒 ・太陽は24時間毎に南中する（基準）
太陰日 月の南中から南中まで	373°	・24時間50分28秒 ・毎日、50分ずつ遅くなる

※太陽は365.242日、月は27.322日で地球のまわりを1回転するように見える。

自然科学を熱心に勉強することは大切であるが、ときには、沈む夕日を見て、地球の自転を感じ、大宇宙のロマンに夢を馳せることを忘れてはいけない。

時間の定義

物理学	・セシウム133という原子を使って1秒を定める
地　学	・恒星や太陽や月の動きによって1日を定める

太陰暦から太陽暦へ

月と密着した生活をしていた昔の人々は、月の満ち欠けによる「太陰暦」を使っていた。しかし、太陰暦は季節変化と一致していないので、しだいに「太陽暦」へ移行した。

太陰暦	・月（新月）を基準とする暦 ・1ヵ月は29日か30日 ・1年は12ヵ月 ・太陽暦の1年より11日短い ・現在もイスラム教が使用 ・季節変化と一致しない
太陽暦	・太陽（春分点）が基準 ・1年を365日とし、4年毎に366日の閏年をおく ・日本は1872年に採用 ・グレゴリオ暦ともいう

群馬県立ぐんま天文台の日時計（赤道式）
太陽の影を利用して測る。

イスラム教の人々
太陰暦で1日に5回、敬虔な祈りを捧げる。余談であるが、筆者の出会ったイスラム教徒は、いつも穏やかで思いやりのある平和な思想を持っていた。

第**3**章 地　球

　第3章は地球の歴史を概観してから、地球そのものをつくる岩石を観察します。ポイントは地下にあるマントルが融けたマグマです。マグマが再び固まったものを火成岩といいますが、この章の目標は、マグマの成分や冷え方の違いから火成岩6種類、鉱物6種類、火山3種類を関連づけて理解することです。

できたばかりの地球
厚いガスに覆われた海も陸もない灼熱の天体。表面温度1500℃以上。

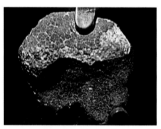

アエンデ隕石（地球が生まれた頃の状態をもつ微惑星のかけら）
下表はこの隕石の化学組成。当時の地球を知る手がかり。

鉄	31.9%
酸　素	29.8%
ケイ素（岩石）	15.0%
マグネシウム	13.7%
硫　黄	3.7%
その他	5.9%

2つのクレーター

(1) 隕石や微惑星の衝突による穴
(2) 火山の噴火による火口 (p.64)

生徒の感想

・地球のクレーターは地球と月が兄弟の証拠だ、と思う。
・地球型惑星と木星型惑星の違いがわかった。木星型の惑星は気体なのでクレーターができない。

1　原始地球

　原始地球は、46億年前の太陽が集めきれなかった星間物質が集ったものです。当時は大量の物質や隕石が衝突をくり返し、衝突の熱で岩石がどろどろに融けた海の状態（マグマオーシャン）だった、と考えられています。

■ 地球上にあるクレーター

　現在の地球表面を調べると、月と同じように隕石や微惑星が衝突してできた穴「クレーター」があります。地球のクレーターは大気や雨風による浸食ですぐに消失しますが、世界各地に比較的最近できた約100個のクレーターが確認されています。それらは、地球が星間物質の集まりでできたという証拠の一つです。

バリンジャー・クレーター（アメリカ・アリゾナ州）　直径1.2km、深さ170m。

2 先カンブリア時代

地球の歴史46億年は、先カンブリア時代40.6億年と顕生代5.4億年に大きく分けられます。先カンブリア時代は生物（化石）がほとんどいない、岩石や海と陸が進化した時代です。

地質時代（地質年代）
岩石、地層、化石など、地質学的な方法でしか調べることができない時代。

■ 化石があまり見られない時代の地球

先カンブリア時代は次の3つの地質年代に区分されます。

地質年代		主な出来事
先カンブリア時代	冥王代	46億年前　地球の誕生（冥王代は地質的証拠が乏しい）
	太古代 （始生代）	40億年前　太古の海、生命の誕生 最古の岩石（下の写真①） 水を証明する堆積岩（下の写真②）
	原生代	25億年前　単細胞生物の誕生 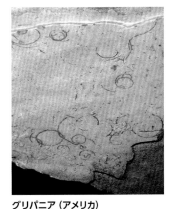 **ストロマトライト**（光合成する藍藻類の化石）　酸素、オゾンが生成され、多細胞生物が生まれる環境が整う
		5.4億年前、生物が爆発的に生まれた（カンブリア爆発）
顕生代（p.60）		生物が顕れた時代。化石によって時代が特定できる

岩石の年代測定方法

化石	・示準化石（p.61）
放射性同位元素	・放射性同位元素は長い年月で変化する元素。炭素14やルビジウム87が有名。種類によって半減期（半数が変化する時間）が違う。複数の元素を組み合わせて年代を測る。

地球環境と生態系
地球環境は生物や生命活動と密接に関係している。海、大気、岩石など物質と生物の関わりを生態系という。詳細はシリーズ書籍『中学理科の生物学』。

■ 最古の岩石、水の存在を示す堆積岩

岩石は永遠ではなく、何度も生まれ変わります。ぼろぼろに崩れたり、ドロドロに融けてしまったり。何十億年も生き延びた岩石は、地球の歴史を調べることができる貴重なものなのです。

GSJ R61547

①

②

①：最古の岩石（アカスタ片麻岩）　②：縞状鉄鉱　Fe_2O_3（酸化鉄）とチャート（p.83）の縞状構造ができるためには水（海）が必要。また、酸素の存在も示す。

グリパニア（アメリカ）
先カンブリア時代の化石。地球最古の核をもつ多細胞生物ではないかと考えられている。

3 生物が顕れた顕生代

　顕生代（生物が顕われた時代）は、5.4億年前に始まりました。顕生代は今も続いていますが、これまでに数度の絶滅の危機がありました。人類は次の危機を回避できるでしょうか。私たちの番です。

■ 生物が爆発的に生まれ、地球全体に広がった顕生代

化石としての天然ガス
原油（石油や天然ガスの原料）は、中生代石炭紀に繁栄した裸子植物（シダ類）が地中で変質したものとも考えられている。化石燃料ともいう。

生きた化石「カブトガニ」
今も生きている生物のうち、シーラカンス、メタセコイアなど太古の地層の化石と同じ形態の生物を「生きた化石」という。これらの生物は変化（進化）速度が小さいとされる。

現在のメタセコイア
新生代に生まれたメタセコイアは時代を示す示準化石であると同時に、当時の環境を示す示相化石でもある。

地質年代			主な出来事
先カンブリア時代（p.59）			・地質学的証拠が少ない時代
5.4億年前、生物が爆発的に生まれた（カンブリア爆発）			
顕生代	古生代	カンブリア紀	・三葉虫、フズリナ、海綿動物など生物が繁栄
		オルドビス紀	・原索動物の繁栄 **四放サンゴの仲間**
		シルル紀	・ウミユリ、サンゴ（石灰岩の原料）の繁栄
		デボン紀	・魚類や肺魚（シーラカンス）の繁栄
		石炭紀	・両生類、昆虫、巨木シダ類の繁栄 ・2.5億年前　パンゲア大陸が形成（p.105）
		ペルム紀	・爬虫類、裸子植物の繁栄
	2.5億年前　パンゲア大陸がゴンドワナ大陸（南）とローラシア大陸（北）に分裂（これまで繁栄していた生物の絶滅）		
	中生代	三畳紀	・サンゴ、アンモナイトなど新生物の発展
		白亜紀	・被子植物の出現 **白亜紀前期の魚　ビンクティファーの一種**
		ジュラ紀	・恐竜の繁栄、始祖鳥の出現 **カブトガニの一種　（ジュラ紀後期）**
	0.66億年前　隕石衝突で、生物の大半が絶滅		
	新生代	第三紀	・哺乳類、鳥類、被子植物の繁栄
		第四紀	・人類の出現　※1000万年前、日本列島形成

4 いろいろな化石の観察

化石は、過去に生物がいたことを示す痕跡が土中で硬くなったものです。生物そのものだけでなく、動物の巣穴や足跡も化石になることがあります。地球の年代を示すものを示準化石、当時の環境を示すものを示相化石といいます。

準　備

・化石標本
・記録用紙

■ 過去の年代を示す主な示準化石

短期間で繁栄・絶滅した生物の化石は、年代特定に役立ちます。

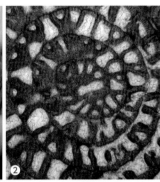

①：三葉虫（古生代）　②：フズリナ（古生代、40倍）
③：アンモナイト（中生代）　④：ベレムニテラ（新生代）

示準化石の条件

(1) 広い地域に分布すること
(2) 生存期間が短いこと
　　（現在は絶滅している）
(3) 個体数が多いこと

※研究者レベルでは小さな微生物（フズリナなど）を示準化石として利用するほうが有効で簡単。

■ 過去の環境を示す主な示相化石

生活環境が限定されている生物は、当時の環境を教えてくれます。

①：サンゴ（暖かくてきれいな海）　②：メタセコイア（涼しい陸地。p.60欄外）

珪化木とSi

植物細胞の成分とケイ酸を含む地下水の成分が置き換わり、硬くなったもの。Siはガラス、石英、長石の主成分（p.67）。

> **生徒の感想**
>
> ・硬い骨や貝殻が化石になるのはわかるけれど、柔らかい生物でも長い年月でガラス成分と置き換わって石になるとは思わなかった。
> ・恐竜の足跡が化石になるなら、私の足跡も化石になる日がくる！

第3章

5 地球の内部構造

現在の地球の内部構造は「ゆで卵」にたとえることができます。中心から順に核（黄身）、マントル（白身）、地殻（殻）です。この3層構造は、硬さと厚さの割り合いの関係が似ています。

宇宙から見た現在の地球（JAXA/NASA）
この写真で地殻の一部としての富士山の高さを図示するのは難しい。

■ 地球の内部構造モデル

核は6000℃の鉄で、液体の内核と固体の外核に細分されます。マントルは900℃～1200℃の岩石で、固体でありながら液体のようにゆっくりと循環しています。地殻は硬い岩盤で、その厚さは5km～60kmです。世界最高峰エベレストは海抜8.8km、世界最深マリアナ海溝は10.9kmですが、地球半径6400kmと比べると桁外れに浅く、下のモデル図には描くことができません。

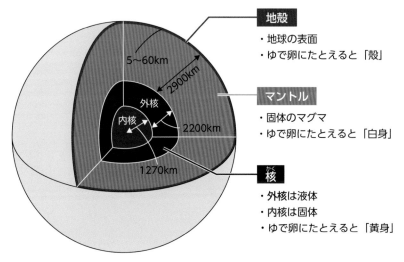

地殻
・地球の表面
・ゆで卵にたとえると「殻」

マントル
・固体のマグマ
・ゆで卵にたとえると「白身」

核
・外核は液体
・内核は固体
・ゆで卵にたとえると「黄身」

（図中）5～60km　2900km　外核　内核　2200km　1270km

富士山はこの図では0.04mmになる（標高3776m）

※いずれの層も密度が大きく、水に沈む物質からできている（地球型惑星 p.24）。

■ 地球をつくる主な岩石、物質の密度

中心部ほど密度が高く、温度も高くなります。

地球の層構造		主な岩石、物質	密度	
地殻	大　陸	花崗岩	2.7g/cm³	小さい
	海　底	玄武岩	3.0g/cm³	↑
マントル		カンラン岩	3.3g/cm³	↓
核		鉄	8　g/cm³	大きい

※花崗岩と玄武岩の密度は p.107 で測定する。

地球の衛星「月」
月は地球のマントルとほぼ同じ成分。白っぽい「山」は斜長石、黒っぽい「海」は玄武岩（p.77）からできている。

地球の内部を構成する物質
地殻は、陸をつくる花崗岩質（①：花崗岩、②：流紋岩）と海底をつくる玄武岩質（③：玄武岩、④：斑れい岩）に分類できる。マントルはカンラン岩、核は鉄（⑤）が主成分。

6 岩石と鉄の密度を測定しよう！

異なる物質を混ぜた場合、密度（質量÷体積）の大きい方が下側になる傾向があります。地球をつくる岩石や鉄の密度を求め、地球の内部構造や物質の浮き沈みについて考えてみましょう。

■ 密度の測定方法

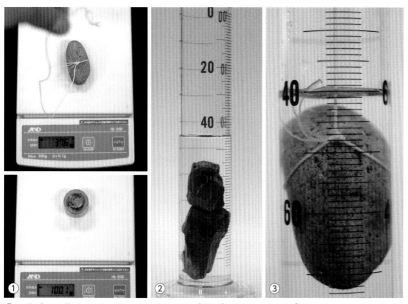

①：道ばたに落ちているいろいろな石の重さ（質量）をはかる。　②：適量の水を入れたメスシリンダーで、石を入れた時の変化量から体積をはかる（入らない場合は適当な大きさに割る）。　③：質量と体積から密度を計算する（密度 ＝ g（グラム）÷ cm³（立方センチメートル）＝ g/cm³）。

■ 測定結果と考察

	花崗岩	砂 岩	チャート	鉄
質量（g）	42.3	37.7	98.9	100.1
体積（cm³）	15.7	13.9	36.7	12.5

↓　密度＝質量÷体積

密度（g/cm³）	2.7	2.7	2.7	8

※花崗岩は p.76、砂岩は p.96、チャートは p.83、p.98 で調べる。

現在の地球のデータ

半 径	6400km
密 度	5.5kg/cm³
重力加速度	9.8m/s²
質 量	5.97×10^{24}kg
平均気温	15℃
その他	・大気がある ・液体の水がある ・生物がいる ・衛星「月」をもつ

ほとんどの岩石の密度は 2.7 ～ 3.0 (g/cm³) です。これは水（1.0g/cm³）より大きいので水に沈みます。同様に、岩石と鉄（8g/cm³）を溶かして混ぜることができれば、岩石が鉄の上に浮きます。鉄は地球の核、岩石はマントルや地殻に相当します。

7 地殻の割れ目から吹き出すマグマ

　地殻の下には、マントルという高温の物質があります。地下深くでは高い圧力で固体のようにふるまいますが、何らかの原因で上昇すると、圧力から開放されて液体になります。名前はマグマに変わります。このマグマが地表で冷え固まると、溶岩という名前になります。

■ マグマがかたまってできた火山 (溶岩、火成岩)

　マグマは、地殻の弱い部分から地表へ吹き出します。一気に吹き出たものは火山、地殻内部で固まったものはマグマだまりといいます。つまり、火山や火成岩はマグマが固まったものです。

イジェン山 (インドネシア)
現在も活動中の成層火山 (p.75)。マグマに含まれる水蒸気が液体になり、白い煙のように見える。黄色く見えるのは硫黄。

海底火山の噴火
南硫黄島の北東約5kmにある海底火山。写真は1986年1月21日の噴火。
(出典：海上保安庁 https://www1.kaiho.mlit.go.jp/GIJUTSUKOKUSAI/kaiikiDB/kaiyo24-2.htm)

陸上の火山、海底火山 (海嶺)
マグマが噴き出して固まったものを火山という。地球全体では地上の火山より海底火山のほうが多い。海底火山の連なりを海嶺 (p.104) という。

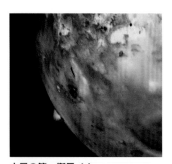

木星の第一衛星イオ
太陽系の中でもっとも活発な火山活動を行っている天体。現在100以上の火山が観測されている。

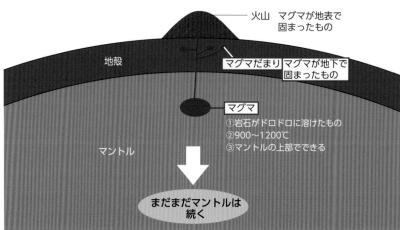

火山　マグマが地表で固まったもの

地殻

マグマだまり　マグマが地下で固まったもの

マントル

マグマ
①岩石がドロドロに溶けたもの
②900〜1200℃
③マントルの上部でできる

まだまだマントルは続く

※火山活動は地球のごく表面で行われている。

御釜 (宮城県)　蔵王の火口 (マグマが吹き出した穴) に水がたまりできた火口湖。火山活動は100万年前に始まり、水は200年前にたまりはじめた。最新の噴火は1918年とされる。

x

■ 地表に現れたマグマ、マグマだまり

アフリカのナミビアには、地表に現れた典型的なマグマだまりがあります。数千年前にできた比較的新しい山です。

深成岩の１つ花崗岩からできた山（Spitzkoppe）　地表に現れるとすぐに風化（p.84）が始まり、その形や特徴が失われていく。

焼岳（標高 2455m、活火山）
日本百名山の１つで、別名硫黄山。マグマは白っぽく、粘性が強い。

Spitzkoppe をつくる溶岩の塊　風化し、赤褐色に変色している。

東尋坊（福井県三国町）
マグマが海岸近くの堆積岩に貫入し、急冷してできた柱状節理の海食崖（安山岩 p.75）。

■ ホルギントゴー火山（モンゴル）

①：8000年前の噴火で噴出した溶岩。黒々とした溶岩は、生物が生活しにくい環境であることを示す。　②：さまざまな形状の溶岩。

8 マグマから結晶した鉱物

たくさんの物質が溶けたマグマは、ゆっくり冷えると1つの成分だけが集まり結晶をつくります。それを鉱物といい、世界に4000種類あります。しかし、火成岩をつくる造岩鉱物はわずか7種類で95%を占めます。一方で、貴重で美しい鉱物は宝石といわれます。

準　備

- 鉱物標本
- ルーペ
- 食塩と水
- シャーレ

ヴェリチカ岩塩坑（ポーランド）
天然鉱物の食塩（NaCl）を採掘する世界最古の岩塩坑。床、壁面、彫刻などすべて岩塩からできている。年間110万人が訪れる。

死海にできた塩湖
過飽和によって食塩を含む多様なミネラル成分が結晶する。

レアメタル（稀少金属）
量が少ない稀少な金属。リチウム、チタン、白金など。流通量が多いベースメタル（鉄、銅、アルミニウムなど）と対比される。

■ 理科室の鉱物標本セット

※この標本箱にある造岩鉱物は5種類。石英（上段左端）、長石（上左から3番目）、角閃石（上左から4番目）、輝石（上右端）、黒雲母（下左端）。

■ 7種類の造岩鉱物

火成岩をつくる7種類の造岩鉱物は石英、長石、黒雲母、角閃石、輝石、カンラン石、磁鉄鉱です。長石は全ての火成岩に含まれます。

①：石英　②：長石　③：黒雲母　④：角閃石　⑤：輝石　⑥：カンラン石　⑦：磁鉄鉱
※磁鉄鉱をのぞく6種類の鉱物と火成岩の関係は p.78。

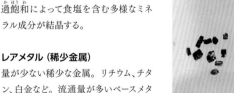

■ 冷える速さと結晶の大きさの関係

鉱物はゆっくり冷えるほど、美しく大きく結晶します。この関係は、食塩を使った実験で確かめられます。

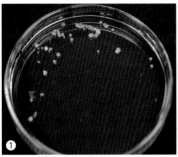

①～③：濃い食塩水をつくり、数日間放置する。水の蒸発速度が遅いほど美しく大きな結晶ができる。逆に、加熱して沸騰させると小さな結晶になって飛び散る。

■ 岩石の硬度の調べ方とモース硬度

鉱物の性質の1つに硬度があります。ドイツの鉱物学者モースは、2つの鉱物を擦り合わせたときの削られ方で10段階に分けました。

①：長石（上）と滑石（下）を擦り合わせると、滑石だけが傷つく。　②：滑石を爪で擦ると、どれだけ強く擦っても爪は削れない。

滑石（硬度1）
滑石で土産物をつくるジンバブエ人。

方解石（硬度3）
主成分は、石灰石や大理石と同じ炭酸カルシウム。光の複屈折（入射光が2つの光に分かれる現象）も有名。

硬度	標準鉱物	主成分の化学式
1	滑石（かっせき）	• $Mg_3Si_4O_{10}(OH)_2$
2	石膏（せっこう）	• $CaSO_4 \cdot 2H_2O$（硫酸カルシウム2水和物）
3	方解石（ほうかいせき）	• $CaCO_3$（炭酸カルシウム）
4	蛍石（ほたるいし）（フローライト）	• CaF_2（フッ化カルシウム）
5	燐灰石（りんかいせき）	• $Ca_5(PO_4)_3(OH,Cl,F)$
6	正長石（せいちょうせき）	• $KAlSi_3O_8$
7	石英（せきえい）（水晶）（すいしょう）	• SiO_2（二酸化ケイ素）
8	トパーズ（黄玉）（おうぎょく）	• $Al_2SiO_4(OH,F)_2$
9	コランダム（鋼玉）（こうぎょく）	• Al_2O_3（酸化カルシウム）
10	ダイヤモンド（金剛石）（こんごうせき）	• C（炭素、カーボン）

※金属 Na はモース硬度0.5、黒鉛（C）は1～2、ヒトの爪は2.5、ガラスは4.5～6.5。

蛍石（硬度4）
紫外線を当てると、写真右のように青白く光る。

9 めずらしい鉱物としての宝石

大きく美しく結晶した鉱物を宝石といいます。男女を問わず、きらきらと輝く鉱物は人の心をとらえます。科学館や博物館などに出かけ、高価で貴重な鉱物を観察しましょう。

生徒の感想

・私は宝石店に並ぶ磨いた石より天然の宝石のほうが好きです。結晶にかけた長い時間を想像できるからです。
・日本の商人が選んだ誕生石は29種類。欲張りなのかな。

■ 誕生石で鉱物を覚えよう！

誕生石は科学と関係ありませんが、鉱物を身近に感じるきっかけになります。次の写真は福井県立恐竜博物館にある標本で、自然に産出した状態の鉱物です。

①：ガーネット（ざくろ石）。

②：アメシスト（紫水晶、ボリビア）。

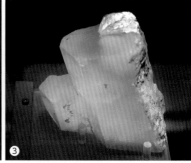

③：アクアマリン（鉄イオンで青になる）。

④：ダイヤモンド（炭素と同じ元素）

⑤：エメラルド（クロムイオンで緑になる）。

⑥：ムーンストーン（光の線が見える）

⑦：ルビー（主成分はサファイヤと同じ。クロムで赤になる）。

⑧：ペリドット（カンラン石）。

⑨：サファイア（鉄やチタンで青くなる）。

■ 鉱物の主な結晶系

等軸晶系
ダイヤモンド
ガーネット
ホタル石
岩塩
青金石
（ラピスラズリ）

正方晶系
ジルコン

六方晶系
緑柱石
（アクアマリン、
エメラルド）
コランダム
（ルビー、
サファイア）

三方晶系
石英(水晶)
電気石

斜方晶系
カンラン石
トパーズ
紅柱石

単斜晶系
ヒスイ輝石
正長石
角閃石
雲母

三斜晶系
斜長石
トルコ石

月	主な誕生石	モース硬度	化学式
1	ガーネット（ざくろ石）	6.5～7.5	・$(Mg,Fe,Mn,Ca)_3Al_2Si_3O_{12}$
2	アメシスト（紫水晶）	7	・SiO_2
3	アクアマリン	7.5	・$Be_3Al_2Si_6O_{18}$
4	ダイヤモンド	10	・C（炭素）
5	エメラルド ひすい	7.5	・$Be_3Al_2Si_6O_{18}$ ・国石（日本鉱物科学会、2016 年）
6	ムーンストーン 真珠（パール）	3.5	・$CaCO_3$ ・鉱物ではない
7	ルビー	9	・Al_2O_3
8	カンラン石（ペリドット）	6.5～7	・$(Mg,Fe)_2SiO_4$
9	サファイア	9	・Al_2O_3
10	オパール トルマリン（電気石）	6	・$SiO_2 \cdot nH_2O$（水を含む鉱物） ・いろいろな色に見える
11	トパーズ	8	・$Al_2F_2SiO_4$
12	トルコ石（ターコイズ）	6	・$CuAl_6(PO_4)_4(OH)_8 \cdot 4H_2O$

※ 7月のルビーと 9月のサファイヤは同じ鉱物。 （全国宝石卸商協同組合 2021 年）

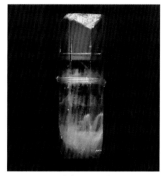
ヘリオドール（パキスタン）
緑柱石ともいう。

トパーズ（ロシア）
トパーズは硬度8なので、石英（水晶）を傷つけることができる。

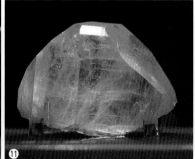

⑩：オパール（非結晶の鉱物）。　⑪：トパーズ（いろいろな色がある）。　⑫：トルコ石（銅の鉱物）。

10 火山噴出物の観察

火山から噴出した物質（マグマ）を火山噴出物といいます。噴出物には空気中に拡散する気体も含まれますが、理科室の標本箱を開けて調べてみましょう。火山や温泉地の硫黄に近いにおいがします。

ルーペで観察する方法
ルーペをできるだけ目に近づけて持ち、岩石との距離を調節する。写真の生徒は溶岩を観察している。

■ 火山噴出物の標本

左から、軽石、溶岩、火山礫、火山灰、硫黄

■ いろいろな溶岩

溶岩を観察すると、地球内部のマントルやどろどろに溶けたマグマをイメージできます。溶岩は火成岩の仲間ですが、火山噴出物として区別することもあります。

①：3つとも同じ産地であるが、マグマの成分や様子が微妙に違う。　②：水に入れたときに出る無数の泡は、内部まで小さな穴が空いていることを示す。　③：②の部分拡大。

■ 火山礫

粒の成分とは関係なく、直径2mm～64mmのものを火山礫、それ以上を火山岩塊、それ以下を火山灰（p.72）といいます。

①：下はそのまま、上は水につけたもの。水につけると色が鮮やかになる。　②：①の部分拡大。　③：洗浄して透過光で見ると、小さな軽石や溶岩などがある。

■ 浮石（軽石〔パミス〕とスコリア）

浮石の観察ポイントは、火山ガスが抜け出たときにできた無数の穴です。無色鉱物を多く含むので、白色が一般的です。

①：同じ産地でも標本箱によって違う。ラベル「黒雲母流紋岩質浮石」の流紋岩質は流紋岩（p.76）のような、という意味。　②：定規で穴の大きさを測る。　③～⑤：いろいろな浮石（軽石）を水へ入れる。浮くものや沈むものがある。

火山噴出物の区別

溶岩、軽石、火山弾、火山礫などを明確に区別する基準はない。

火山弾（①：富士山、②：アメリカ）

火口から激しく飛び散ったマグマが、空中で急冷されたもの。全体に丸みがあり、中央が空洞。

浮石

浮石のうち、白っぽいものをパミス（軽石）、黒っぽいものをスコリアという。写真はスコリア。

生徒の感想

・私はお風呂で軽石を使っています。
・大きな軽石に乗って遊びたい。
・スケッチしていたら、先生が「標本箱の岩石は形が整えてあるものが多いので、粒や穴の様子を調べなさい」と教えてくれました。

火山灰

直径 2mm 以下の噴出物を火山灰とい
い、無数の鉱物が見られる。産地によ
って成分や割合が違う。なお、火山灰
は桜島や大島など火山周辺の住人には
ありふれたもの。また、水底で堆積する
と凝灰岩になる (p.100)。

A君の火山噴出物スケッチ

粒の大きさ、色、様子などの特徴、およ
び、産地をまとめている。

生徒の感想

・灰を洗うときれいになって、顕微
　鏡で見るといろいろな粒があっ
　た。ガラスの破片みたいなものは
　水晶。

・硫黄を加熱すると温泉卵のにおい
　がした。

■ 顕微鏡で火山灰を見る方法

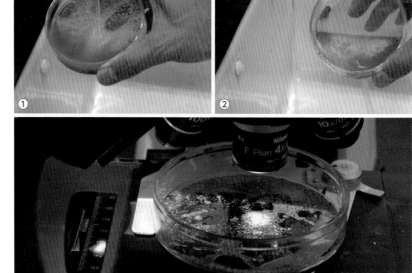

①、②：火山灰をシャーレに入れ、水で 10 回以上洗う。指の腹で軽くこすってもよい。
③：低倍率の顕微鏡で観察する。粒の多くは光を通さないので、光の当て方を工夫する。
下の写真④〜⑥は、違う方向から光を当てた同じもの。

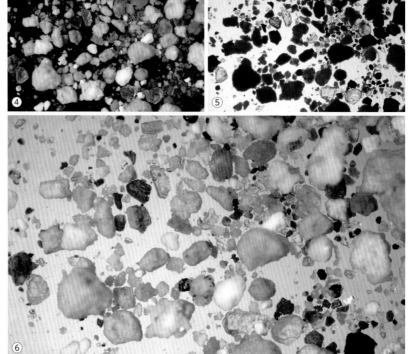

④：落射光（上からの光）を当てたもの。写真は左上から当てたもの。　⑤：透過光（下か
らの光）を当てたもの。透明な粒がよくわかる（無色透明は水晶）。　⑥：落射光と透過
光をほどよく混ぜたもの。いろいろな粒を見分ける方法は p.82。

第3章

■ 硫黄を火山のように加熱する実験（指導者による演示）

　火山でよく見られる硫黄は反応性が高い物質です。さまざまな物質と結合し、くさった卵のようなにおいを放ちます。

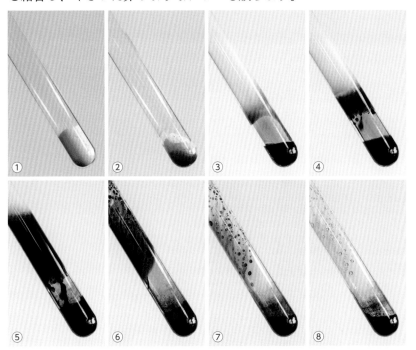

硫黄の標本

生物が生活できない区域
硫黄と水素が化合した硫化水素は有毒で、死亡事故の危険性がある。

①、②：硫黄を試験管に入れて加熱すると、液体になる前に変色する。　③〜⑦：気化した硫黄が試験管上部で冷やされ、固体に戻る。　⑧：火を止めて放置する。

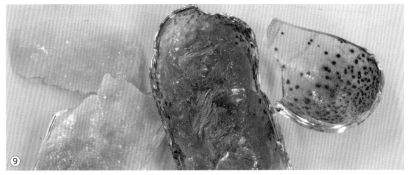

⑨：よく冷やしてから試験管を割り、固体の硫黄に戻っていることを確かめる。

後生掛温泉の噴泉地（秋田県）
八幡平周辺にある温泉の1つ。火山の近くはマグマの熱で温泉が吹き出ることが多い。

■ 火山噴出物のまとめ

火山ガス		・火山から吹き出した気体成分（H_2O、CO_2、SO_2 など）	
溶 岩		・マグマそのものが固まったもの	p.65
火山砕屑物	浮石（パミス、スコリア）	・火山ガスが抜けてできた無数の小さな穴（色で分類）	p.71
	火山弾	・丸みを帯びている（空中で表面張力がはたらいた） ・ひび割れがある（原因は急激な温度変化）	p.71
	火山岩塊 火山礫、火山灰	・礫（2mm〜64mm）を基準にして粒の大きさで分類 ※砕屑物を分類するときの基準は砂（1/16mm〜2mm）	p.71 p.86

73

11 マグマで決まる火山3種類

　火山は、マグマの特徴で3つに分けられます。マグマの特徴は色、温度、粘りけ（粘性）、比重などで、それらは火山の形や噴火と密接な関係があります。たとえば、ハワイ諸島の黒いマグマは高温で粘りけが弱く、毎日のように溶岩を流出させます。

■ 3種類のマグマと3種類の火山

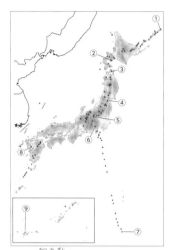

日本の活火山 111 個（2017 年選定）
①：茂世路岳、②：有珠山（昭和新山）、
③：恐山、④：蔵王山、⑤：浅間山、
⑥：富士山、⑦：日光海山、⑧：雲仙岳、
⑨：西表島北北東海底火山

火山の恵みと災害
火山列島ともいえる日本は、湧き水、スキー場、温泉、地熱発電などの恵みがある。その一方、噴火、降灰、火山性地震などの災害がある。写真は青森県恐山。活火山の1つで、最後の噴火は1万年前。

主な火山災害

1986年	伊豆大島噴火。1万人避難。
1990年	雲仙普賢岳。死者43人。
2000年	三宅島の噴火。全島避難。
2014年	御嶽山の噴石。死者63人。

※死者は行方不明者を含む。

マグマ	粘りけ	強　い	
	温　度	900℃	
色		白	
	噴火の様子など	激しい爆発的噴火	
		・火山弾や軽石を吹き飛ばす ・短期間に、比較的低い山をつくる	
火山	形	火山弾 溶岩ドーム（頂上付近でかたまったもの） 地殻 ・マグマが出にくい（すぐにかたまる） ・激しい噴火、噴煙 ・形がいびつ ①流紋岩 ②花崗岩 **鐘　状火山** （すぐに固まってできた釣り鐘の形）	
	例	**雲仙普賢岳（雲仙岳は平成新山など島原半島の火山の総称）** 昭和新山（398m）、有珠山（737m）、平成新山（1483m）	

■ マグマが冷え固まってできた火成岩

マグマからできた岩石を火成岩といい、冷え固まる深さによって2つに分けられます。1つは地表でできた火山岩（火山そのもの）、もう1つは火山の地下にできた深成岩（マグマだまり）です。下図に示した火成岩の色は、p.76 ～ p.79 と対応しています。

ただし、実際の火山や火成岩を調べると典型的なものは少なく、3種類のうちどれに近いかで分類することになります。

活火山の定義

> （1）1万年以内に噴火した火山
> （2）現在、噴気活動している火山

溶岩流と火砕流

溶岩流は溶岩が斜面を流れ落ちる現象。火砕流はいろいろな火山噴出物（p.70）を含む。

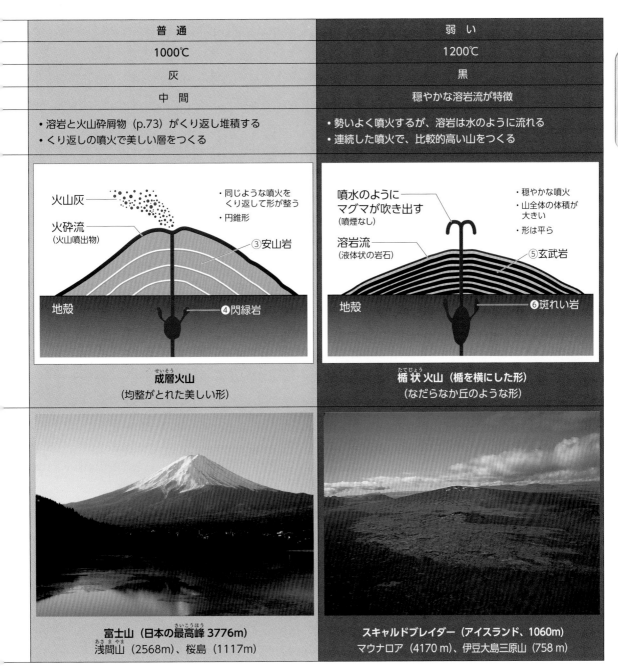

普 通	弱 い
1000℃	1200℃
灰	黒
中 間	穏やかな溶岩流が特徴
・溶岩と火山砕屑物（p.73）がくり返し堆積する ・くり返しの噴火で美しい層をつくる	・勢いよく噴火するが、溶岩は水のように流れる ・連続した噴火で、比較的高い山をつくる

成層火山
（均整がとれた美しい形）

火山灰

火砕流（火山噴出物）

・同じような噴火をくり返して形が整う
・円錐形

③安山岩

地殻

④閃緑岩

楯状火山（楯を横にした形）
（なだらかな丘のような形）

噴水のようにマグマが吹き出す（噴煙なし）

溶岩流（液体状の岩石）

・穏やかな噴火
・山全体の体積が大きい
・形は平ら

⑤玄武岩

地殻

⑥斑れい岩

富士山（日本の最高峰 3776m）
浅間山（2568m）、桜島（1117m）

スキャルドブレイダー（アイスランド、1060m）
マウナロア（4170 m）、伊豆大島三原山（758 m）

第3章

12 マグマからできた火成岩

準　備

・火成岩の標本
・筆記用具

火成岩は6種類に分けることができます。マグマの成分で3つ、マグマが冷えかたまる場所で2つ、合計3×2で6種類です。それは岩石の色と結晶構造の違いになります。

■ 火成岩の標本の観察

下表に同じ名前で異なる産地の標本を2つずつ並べました。縦はできる場所（組織の違い）、横は成分の違いです。わずかな色や形状の違いに惑わされずに観察できる力をつけましょう。

初めに、色や明るさ（白・灰・黒）で3つに分けます。緑色を感じるものは、中間の灰色にしてください。本の写真でも、目を細めると明暗の違いが見えてきます。

火成岩を分類する生徒
初めに色（白、灰、黒）、次に組織（つぶつぶの大きさ）で分類する。

組織までしっかり書く様子

生徒の感想
・富士山は安山岩でできている。そして、地下には閃緑岩がある。
・墓石は深成岩で作られることが多く、色が黒いほうが高価らしい。

色（明るさ） 組織 （粒の大きさ）	白　色 （無色鉱物 p.78 を多く含む）
火成岩（マグマが固まったもの） **火山岩** ・火山そのもの ・地表付近 ・短時間でできた ・斑状組織 （斑晶と石基）	 **流紋岩**（p.74 の①） 白色のマグマが流れながら冷え固まったもの
深成岩 ・マグマだまり ・地下深く ・ゆっくりできた ・等粒状組織 （大きな結晶）	 **花崗岩**（p.74 の②） 白い粒は石英と長石、黒い粒は黒雲母（p.78）

■ 火成岩を分類し、観察する方法

①：標本箱から取り出し、下表のように分類して並べる。　②、③：手で感触を確かめたり、色鉛筆でスケッチしたりする。組織まで書ければ、完璧。p.78 はルーペによる観察。

　次に、粒（鉱物）の大きさを調べます。小さければ地表でできた火成岩、大きければ地下深くでゆっくり冷えた深成岩です（p.66）。鉱物の種類については、p.78 で調べます。

灰 色 (緑色っぽい粒が混ざるものが多い)	黒 色 (有色鉱物を多く含む)
安山岩 (p.75 の③) 石基に角閃石や輝石が溶け混んで全体に緑色	**玄武岩** (p.74 の❺) 名前は玄武岩の採掘坑、兵庫県の玄武洞にちなむ
閃緑岩 (p.75 の④) 角閃石や輝石の結晶がよく目立つ (p.79)	**斑れい岩** (p.74 の❻) 密度が高く黒光りして高級感がある火成岩

13 火成岩をつくる造岩鉱物

火成岩をルーペで観察すると、p.66の造岩鉱物7種類からできていることがわかります。火成岩の色は、含まれる鉱物の割合によって決まり、鉱物は無色鉱物2種類と有色鉱物5種類に分けられます。

■ 火成岩と造岩鉱物6種類の関係（磁鉄鉱をのぞく）

マグマに含まれる造岩鉱物の割合は、下の表のように段階的に変わります。白っぽいものほど無色鉱物が多くなり、色、粘性、温度、火山の様子（p.74）と深い関係があります。

※写真は、p.76〜77の岩石のクローズアップ。

準　備

- 火成岩と鉱物の標本
- 光学顕微鏡
- 光源

安山岩を観察する様子
本文の写真は横から光を当てて撮影した（40倍）。p.80では岩石プレパラートを偏光顕微鏡で観察する。

標本箱の裏書きを読む
標本の産地や詳しい説明があるので、レポートに記述、観察の参考にする。

組織名と結晶の名前

組織名	結晶の名前
斑状組織	**斑晶と石基** ・斑晶は小さな結晶、石基は結晶ができる前と覚える
等粒状組織	**なし** ・「大きな結晶」は名前がない

※石基とマグマはほぼ同じ成分。

生徒の感想

- 長石は白〜ピンク色。

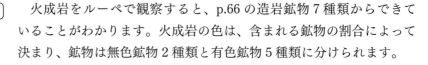

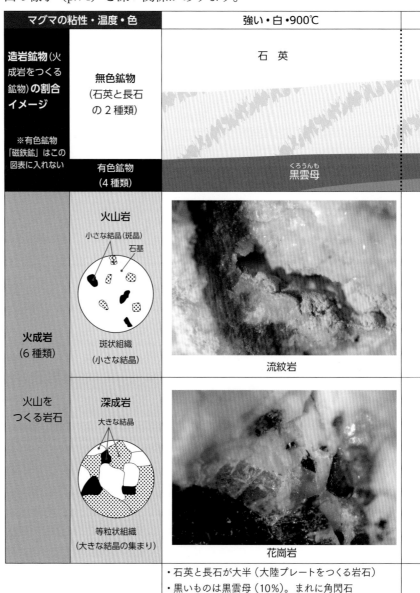

マグマの粘性・温度・色		強い・白・900℃	

造岩鉱物（火成岩をつくる鉱物）の割合イメージ

※有色鉱物「磁鉄鉱」はこの図表に入れない

無色鉱物（石英と長石の2種類）　石英

有色鉱物（4種類）　黒雲母（くろうんも）

火成岩（6種類）

火山をつくる岩石

火山岩
小さな結晶（斑晶）
石基
斑状組織（小さな結晶）

流紋岩

深成岩
大きな結晶
等粒状組織（大きな結晶の集まり）

花崗岩

- 石英と長石が大半（大陸プレートをつくる岩石）
- 黒いものは黒雲母（10%）。まれに角閃石

■結晶の大きさが部分によって違う 花崗岩の観察

ゆっくり冷えた

磁鉄鉱（造岩鉱物の 1 つ）
鉄を主成分とする鉱物。

大きな結晶は、成分は同じでもマグマがゆっくり冷えたことを示す。錆びた色をしている原因の 1 つは岩石に含まれる鉄分。

中間・灰・1000℃	弱い・黒・1200℃
長 石 （すべての火成岩に含まれる）	
角閃石	輝 石 / カンラン石
安山岩	玄武岩
閃緑岩	斑れい岩

・石英の割合が少なくなり、白いものは長石
・角閃石や輝石は、よく見ると緑色を帯びている

・白く見えるのは長石で、石英はほぼない
・カンラン石の割合が増え、密度が大きい石になる

14 偏光顕微鏡で見る火成岩

厚さ 0.05 mm の岩石プレパラートを偏光顕微鏡で観察します。偏光は岩石の結晶構造による光の偏りで、鉱物の特定に使われます。専門的な使い方は難しいので、まずは美しく輝く様子を楽しみましょう。

偏光顕微鏡
2 枚の偏光板で、結晶した鉱物が通す光を調べる。肉眼、ルーペ、光学顕微鏡だけでは、岩石の専門家でも正確に岩石を識別できない。

■ 偏光顕微鏡の使い方

①：2 枚の偏光板の間にプレパラートをはさむ。　②、③：光を入れ、偏光板を回転させ、きれいに見える角度を見つけたら観察、スケッチする。

■ 偏光顕微鏡で観察した火山岩

火山岩のポイントは石基の有無と鉱物の結晶です。2 枚並べた写真の左はそのまま（偏光なし）、右は偏光させたものです。

違うタイプの偏光顕微鏡を使う生徒
わっ、と教室のあちらこちらから声が聞こえる。

生徒の感想

・黒雲母がきらきら虹のように光って見えました。
・石の研究者になろうかな。
・偏光板の角度を 1 度変えるだけで、色がまったく変わった。

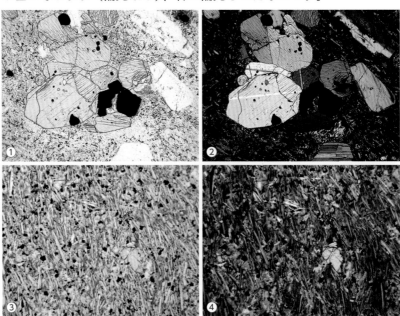

①、②：安山岩（火山岩）　不透明黒色は磁鉄鉱。写真②で黄色に見える部分は輝石。
③、④：玄武岩質溶岩（火山岩）　偏光させると、普通顕微鏡ではわからない鉱物が見える。

■ 偏光顕微鏡で観察する深成岩、鉱物

深成岩はほぼ同じ大きさの鉱物からできた等粒状組織が特徴です。

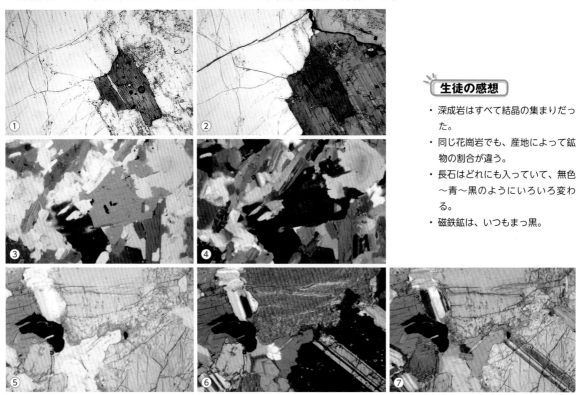

生徒の感想

- ・深成岩はすべて結晶の集まりだった。
- ・同じ花崗岩でも、産地によって鉱物の割合が違う。
- ・長石はどれにも入っていて、無色〜青〜黒のようにいろいろ変わる。
- ・磁鉄鉱は、いつもまっ黒。

①、②：花崗岩（深成岩）　中央は黒雲母。写真②の左半分は石英、右半分は長石。
③、④：閃緑岩（深成岩）　写真④で茶色や緑に見えるものが有色鉱物。
⑤〜⑦：斑れい岩（深成岩）　写真⑥と⑦は偏光板を回して色を変えたもの。

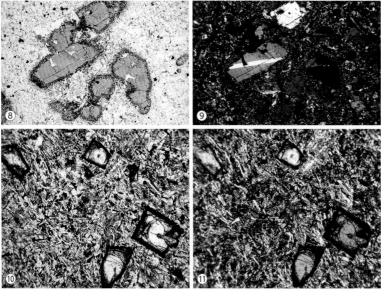

生徒の感想

- ・角閃石は普通に見ると緑色（写真⑧）なのに偏光させると白黒になる。
- ・カンラン石は偏光させると黄〜緑〜青〜ピンクになる。

⑧、⑨：角閃石（鉱物）　写真⑧で薄い緑色に見える部分。
⑩、⑪：カンラン石（鉱物）　写真⑩で周りが風化して海老茶色のもの。偏光したときは鮮やかなピンクが特徴。

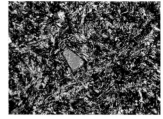

ピンクに偏光させたカンラン石
肉眼で見ると黄緑色。

15 運動場の砂から宝石を探そう

準　備

- 運動場の砂
- シャーレ
- ピンセット
- ルーペ（あったほうがよい）

　学校の運動場や公園の砂を洗い、数mm程度の小さな石を分類しましょう。授業では10分もたたないうちに石英の透明感と長石の不透明感を識別できるようになりました。みなさんも今まで見えなかった小さな粒を区別する喜びを体感してください。

■ 小さな粒を採取、分類する方法

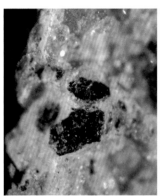

花崗岩の結晶と運動場の砂
運動場の砂は花崗岩を砕いてつくられたものが多い。その成分の20%は透明な石英（水晶のかけら）。

主な採取場所
(1) 砂場
(2) 運動場の吹きだまり
(3) 植木鉢（市販の園芸用土には雲母や軽石が比較的多く含まれる）
※採取場所によって成分が違う。

①：運動場で砂粒が集まっている場所を探し、手のひらで表面を撫でるようにして集める。
②：シャーレの底に1列並ぶぐらい採取する（多いと識別しにくい）。
③：水で洗浄する。　　④：指先で軽く擦ってもよいが、雲母が壊れないように注意する。
⑤：細かすぎる粒は流してしまっても構わない。

黒雲母
薬さじで擦ると、一方向に薄くはがれる結晶構造がわかる。

⑥、⑦：棒磁石をゆっくり動かすと、砂鉄（磁鉄鉱）が採れる。

■ 識別のポイント

鉱物	石英（水晶）	・透明（無色〜汚れた灰色）
	長石	・不透明（白〜黄〜ピンク）
	黒雲母	・不透明（黒〜金）。薄くはがれ、手にくっつく（水に浮いて流される）
	磁鉄鉱	・磁石にくっつく（砂鉄、正八面体の結晶構造）
チャート（p.98）		・不透明（赤〜黄〜緑〜紫〜黒）。硬くてガラスが割れたような形
その他		・鉄棒の塗料、プラスチックの破片、セメントの破片（塩酸で CO_2 が発生）、小枝

※岩石や鉱物は、水に濡らすと色が鮮やかになるので水中で識別する。

■ 何が採れたかな？

　写真⑧のピンセットでつまんでいるものは何でしょう。また、右側に取り出した3種類の鉱物は何でしょう。正解は写真⑨です。

⑧

↓　識別してみよう！

⑨

⑧：ピンセットでつまんでいるものは石英。　⑨：A：石英、B：長石、C：黒雲母、D：チャート、磁石の先端：砂鉄。なお、チャートは黄土色、茶色、ネズミ色、薄緑色など多様な色が見られる。

磁鉄鉱（マグネタイト）
磁鉄鉱は強い磁性をもつ鉱物。火成岩中に含まれる造岩鉱物。

塩酸に入れた石灰岩
石灰岩（白）は塩酸と反応して CO_2 を発生する（p.99）。なお、学校の砂は石灰を大量に含み、洗浄しないと同じように反応する。

生徒の感想

・チャートはいろいろな色があったけれど、見分けられるようになりました。
・私だけの宝石がたくさん採れた。
・黒雲母は金色に輝くので、金だと思っていました。

第4章 地層と堆積岩

　第4章は、岩石が崩れて土砂になり、長い年月をかけて再び硬い岩石になることを調べます。主要テーマは、土砂が堆積してできた地層、地層が硬くなってできた堆積岩、その堆積岩を2つの方法（粒の大きさ、粒の成分）で分類することです。そして、本章の最後のページでは、岩石を生物のように生まれ変わるものとして整理していきます。

1　侵食される大地、風化する岩石

　形あるものは長い歳月によって必ず元の形を失います。どんなに硬い岩石でも風雨や流水の力で侵食され、温度や化学的作用で風化し、生物の活動で崩れていきます。地表に現れたものは、最終的にすべて形を失います。

■ 自然の力で形を失う大地、岩石

　地表の自然条件の厳しさは、水中と比較すると明らかです。安定した地域もありますが、大地や岩石が形成される歳月と比べれば、瞬間に失われてしまうことに変わりありません。

阿弥陀ヶ滝（岐阜県。日本の滝100選の1つ。落差60m）
日本には数々の美しい滝があるが、滝は周囲の岩石を激しく侵食する。水が落下してできた滝壺はとても深い。

風化の分類

(1) 物理的（機械的）風化
・植物の根の成長
・昼夜の温度差
・水の凍結による膨張
(2) 化学的風化
・火山や有毒ガス
・植物や菌が出す物質
・水が関係する化学反応（酸化、加水分解、溶解）

侵食の例
(1) 海食崖（海）
(2) Ｖ字谷（川）
(3) Ｕ字谷（氷河）

フィッシュリバーキャニオン（ナミビア）に立つ筆者　世界最大級の渓谷の1つ。フィッシュリバーという川の長年にわたる侵食作用によって形成された。渓谷全体に見られる地層は、かつて海だったことを示す。

■ 崩れゆく海岸と地層の観察

　愛知県知多半島は、美しい地層が見られます。海底が隆起し、波が侵食したものです。波を直接受ける部分はぼろぼろに崩れ、波にさらわれていきます。再び、海底で地層をつくるのでしょう。

地層の観察「師崎港北部」
YouTube チャンネル
『中学理科の Mr.Taka』

①：愛知県知多半島の地層は新しく、侵食作用で崩れやすい。　②、③：一般に風化すると白色や褐色になるものが多い。粘土に変質することもある。　④：波打ち際。

[生徒の感想]

・ 地層から永遠に輝く石を探したい。

■ 風化する人類の遺産

ナグシェ・ロスタム（世界最古の宗教の1つゾロアスター教の4人の王の墓）　人がどれだけ自然を畏れ、神を信じようとも、全ては自然の力によって形を失う。

植物の成長で崩れる岩石（ナミビア）
砂漠の岩石は、昼夜の激しい温度差と樹木の成長によって崩れていく。この植物の樹齢は約200年。

2 泥、砂、礫

小さくなった岩石は、粒の大きさで泥、砂、礫に分けられます。成分は関係ないので、いろいろな種類の泥、砂、礫があります。

■ 粒の大きさ（直径）による分類

大きさの基準は砂です。砂の直径は0.06mm～2mm、それ以下は泥、それ以上は礫です。一粒の砂を下表のように書くと、その範囲の広さに驚くでしょう。直径は最大約30倍の違いがあります。

泥	砂	礫
1/16mm以下	1/16mm ～ 2mm	2mm以上
（肉眼では見えない）	・・・・・・・・・・・・・・・	●●●●

■ 花崗岩から砂を作る実験！

叩いたり加熱したりして、岩石を小さくしてみましょう。

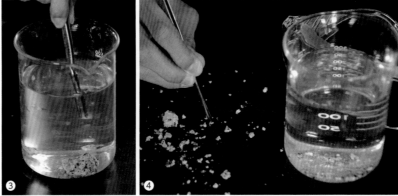

①：花崗岩をハンマーで適当な大きさに叩き割る。　②：十分に加熱する。　③：加熱した岩石を水に入れ、急冷する。　④：くだけてできた粒を水晶（無色透明）、長石（白～ピンクで不透明）、黒雲母に分ける。

顕微鏡で確認する様子
ルーペや双眼実体顕微鏡でもよい。

砕屑物
岩石を砕いた屑を砕屑物という。自然にできたものは丸いが、人工のものは角があり、形も不揃い。砂場の砂の多くは花崗岩の砕屑物。

生徒の感想

- 岩石を叩いて砕くのはかわいそうな気もする。
- 砂にもいろいろな大きさがあるとは知らなかった。
- 運動場の砂（p.82）と比較すると同じだった。

■ 大きさの粒を「ふるい」で分ける方法

２種類のふるいで、３つの大きさに分けることができます。

①、②：目の大きな「ふるい」で、大きな粒を分ける。　③：目の細かい「ふるい」で中ぐらいの粒（左）と小さい粒（右）に分ける。

■ 土は有機物を含んでいる

　土は有機物を含んだ泥や砂です。有機物は炭素を含む生物由来の物質で、炭水化物、タンパク質、脂肪、生物の屍骸、排泄物などです。

①：土　微生物のはたらきによって落ち葉が土になった腐葉土やいろいろな有機物が混ざったもの。　②：土がない月　有機物は生物がいない天体に存在しない。

鳥取砂丘の砂を確かめる筆者
千代川が侵食、運搬されて海に流された砂が、強い北西の季節風で押し戻された。砂の大きさや色にも注目。

世界最古の砂漠「ナミブ砂漠」
8000万年前にできた砂漠の色は赤で、世界一美しいといわれる。ナミビア（アフリカ南部）の国名はナミブ砂漠に由来する。ユネスコ世界遺産（自然）。

泥を塗った壁
乾燥した地域は施工が簡単な泥壁の家屋をつくる。しかし、水で簡単に溶ける。

3 運搬と堆積のバランス

　侵食された大地、風化した岩石からできた土砂は、流水によって湖や海へ運ばれます。上流から下流へ運ばれる過程で、粒はどんどん小さくなります。そして、運搬力が弱まると堆積します。

■ 運搬され、地表に堆積する土砂

　河川に堆積する土砂の大きさは、水の運搬力で決まります。大雨や洪水があると、これまでの堆積物が一気に下流へ流されます。

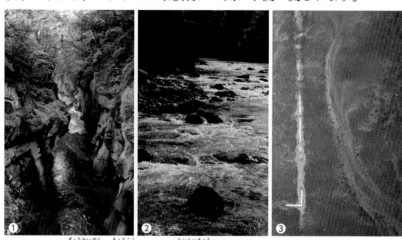

①：切り立った凝灰岩の峡谷（宮城県磊々峡）。　②：丸みを帯びた石が目立つ中流。
③：豪雨後のテニスコート。流れの激しいところは大きな粒、流れが悪くなるところは小さな粒が堆積している。

■ 扇状地と三角州

　扇状地と三角州ができる場所は違いますが、成因が同じなので似たような地形になります。扇状地は山が平野になるところ、三角州は流れが終わるところで、いずれも運搬力が急に弱くなるところです。

①：扇状地は急に川幅が広くなり、土砂が扇形に堆積する。土砂は山の栄養分をたくさん含んでいる。　②：三角州は大きな河川の中央部分にできることが多い（千葉県小櫃川河口）。
※扇状地と三角州は、いずれも平野として分類することができる。

V字谷

河川による長年の侵食で深いV字の谷ができる。U字谷は氷河によってU字型に侵食された地形。

河川が運搬した土砂

土砂が堆積する場所は、水量や水流で変わる。古い河川は蛇行が進み、三日月湖をつくることがある。

> **生徒の感想**
> ・エジプトはナイル川、インドはガンジス川、東京は江戸川、名古屋は木曽川、大阪は淀川があるよ。

■ 土砂の未来は2つの力で決まる

　土砂を運搬する力と土砂が堆積する力、どちらが強いかによって未来が決まります。次のモデル図の下にある表は、2つの力の関係による結果が、地表と水中で似ていることを示しています。

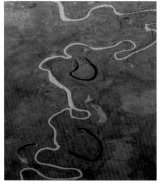

三日月湖（モンゴル）
蛇行する河川が短絡してできた痕跡。

	運搬（風化・侵食）＞　堆積	運搬（風化・侵食）＜　堆積
地　表	・大地が失われる ※風雨・流水による侵食、風化	・扇状地（伏流水）ができる ・三角州（汽水域）ができる
水　中	・水底が失われる	・地層ができる（p.90）

■ 洪水による災害と恩恵

　古代文明が繁栄した条件は大きな河川です。大雨による洪水や氾濫は、農耕に欠かせない肥沃な土砂を上流から運びました。自然による災害と恩恵は表裏一体であり、絶妙なバランスが必要です。

広島平野（太田川による沖積平野）
平野の成因は多様だが、日本の大部分は河川の堆積物による肥沃な沖積平野。護岸工事をすると堆積しない。

※増水した信濃川から土砂が入った畑（2011年7月30日、新潟県三条市）。

ハザードマップ（防災地図）
河川氾濫、侵水、地盤沈下など自然災害を少なくするための地図。国土交通省から地方自治体まで、さまざまなレベルで、被災想定区域や防災関連施設の位置などを記載。上の地図は東京都文京区の水害ハザードマップ。

生徒の感想
・自然の災害と自然のめぐみは同じなのかも。

4 水底で生まれる地層

　流水で運ばれた土砂は水底に堆積します。地上での堆積と同じように、運搬力と土砂の大きさ、堆積する場所は関係しています。

■ 土砂を運搬、堆積させる実験

堆積実験装置
授業後、条件を変えて実験する様子。

地層ができる手順

(1) 地表が侵食され土砂になる
(2) 流水で海や湖に運ばれる
(3) 水底に堆積する
(4) 長い年月で固い岩石の層になる
(5) 環境変化で堆積する土砂が変わり、前と違う層ができる

生徒の感想

- 白い礫を流すのが大変でした。
- ちょっとした条件の違いで、せっかくつくった地層がなくなる。

①：大きさが違う3つの粒（緑：泥、橙：砂、白：礫）を用意し、よく混ぜて土砂をつくり、実験装置に入れる。　②：水の勢いを調節しながら、土砂を流す。　③：運搬される粒の大きさの違いを調べる。　④：水を止めて観察する。

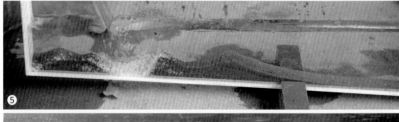
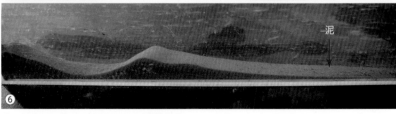

⑤：堆積する場所と粒の大きさの関係を調べる。条件を変えて実験をくり返す。　⑥：山が2つできているのは、2回に分けて水を加えたから。

■ 堆積実験の結果と考察

　最小の緑色の粒が遠くまで運搬されたことから（写真⑥）、泥は沖合いに堆積することが推測されます。なお、層全体を緑色の粒がおおっている原因は沈降速度の違いで、p.91の実験で確かめられます。

■ 運動場の土砂を沈降させる実験

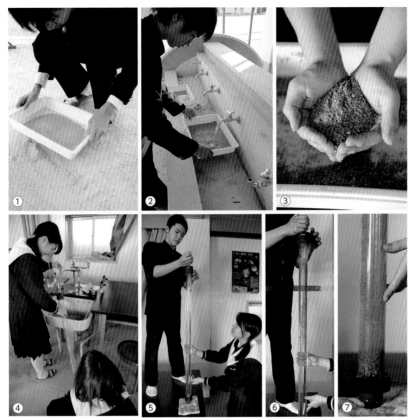

①：運動場の土砂を採取する。　②、③：水道水で10回以上洗う。　④：沈降実験器に水を入れる。　⑤〜⑦：土砂をひとまとめにし、一気に入れる。

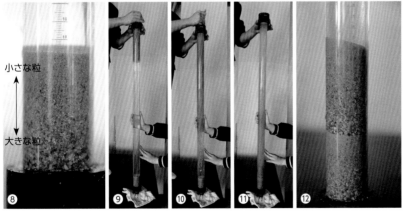

小さな粒 / 大きな粒

⑧：堆積した土砂。　⑨〜⑪：もう一度同じように土砂を入れ、沈降する様子を観察する。
⑫：堆積した土砂。

■ 沈降実験の結果と考察

　運動場の砂はほぼ同じ成分（密度）なので、実験結果から「粒が大きいほど速く沈む」ことがわかります。さらに、粒が小さいほど水の抵抗力の影響を受けやすいことが推測されます。

準　備

- 沈降実験装置
- 土砂
- バット
- 水

※沈降実験装置の代わりに、土砂をペットボトルに入れてよく振り、沈降する様子を観察してもよい。

地層をつくる成分

(1) 侵食作用でつくられた土砂
(2) 生物の屍骸（p.98）
(3) 火山噴出物（p.100）
(4) 水に溶けている物質

※これらが固まってできた岩石は、堆積岩として p.96 から調べる。

これまでのまとめ

侵食	・風、水、氷河などの力で地表が削られ、失われること
風化	・岩石が物理的・化学的作用により崩れること（p.84）
運搬	・侵食、風化作用でできた砕屑物を下流に運ぶ作用
堆積	・砕屑物が川底、湖底、海底などに地層としてたまる作用

生徒の感想

- 砂を完璧に洗うと、泥の成分がなくなってしまう。
- 実験器に土砂を入れるときは、一気に入れたほうが良い結果になる。
- 水をいっぱい入れておくと、土砂を入れたときに水があふれるから注意しよう！

5 中学校の地盤調査「ボーリング」

新しい建物をつくるときは垂直な穴を掘り、地層や地盤の強さを調べます。これをボーリング調査といいます。

■ 名古屋市立萩山（はぎやま）中学校の土質標本

どの中学校にもボーリング調査標本があります。専門の方による標本、柱状図、数カ所以上の調査による地層の広がりや傾き、建築に関する考察は、書き写すだけで十分勉強になります。

準 備

- 学校の土質標本（必ず各学校で保管している）
- 記録用紙

ボーリング調査の様子
昭和55年のボーリング調査。三角形のやぐらを組み、専用器具で穴をあける。1mごとにサンプルを取る。

柱状図（ちゅうじょうず）
地層の1枚1枚の重なり方を柱状に表したもの。本文の写真②を縦にすれば「柱状標本」になる。

柱状図から地層の傾きを調べる
YouTube チャンネル
『中学理科の Mr.Taka』

生徒の感想

- 地層があるっていうことは、昔ここは海だったんですね。
- 古い標本だけど、地面の中は今でも変わらないはずだ。
- 私の家を建てたときもボーリング調査をした、と父から聞きました。
- 地下水が9.9mのところにある！
- 石油が出たら大金持ち！

①：土質標本（昭和55年1月、名古屋市瑞穂区市丘町（いちおか））。1mごとの標本。　②：左から順に、深さ1m、2m、5m、8m、16m。

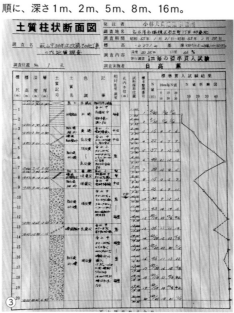

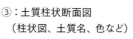

③：土質柱状断面図
　　（柱状図、土質名、色など）
④：地質調査報告書
　　（安全な建築方法）

■ 自宅付近の地層を調べるチャンスをつかもう！

道路工事によって現れた露頭(p.94)

新しい道をつくっている場所は、露出した地層がよく見られる。道路の左右に同じような縞模様が見られるので、地層の広がりがよくわかる。

①：水道などのライフラインの工事を見かけたら、「地層の学習をしているので見せてください」と声をかける。許可を得ることができたら、安全に配慮して観察する。
②：写真中央に2色（2種類）の粘土層がある。その上は工事用「盛り土」。

■ 移動をくり返してきた琵琶湖

　琵琶湖の起源は、現在の三重県上野盆地に生まれた大山田湖です。それから400万年かけて北上し、現在のように大きく深い湖になったのは40万年前です。昔の水流や堆積した砂や泥を調べることで、過去の出来事がわかるのです。

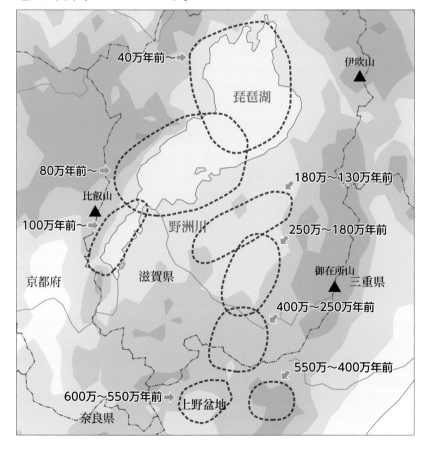

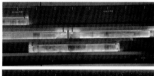

水月湖（福井県）にできる年縞

7万年前から現在まで、湖底に年縞という地層が形成され続けている。堆積速度は1年に平均0.7mmだが、湖が土砂で埋まらないのは、断層の動きで沈降を続けているため。過去5万年の地質年代を調べる世界的基準。下の写真2枚は湖底の地層を横に配置したもの。2本の指の間の年縞が100年間を示す。

生徒の感想

・福井県に世界基準がある！
・琵琶湖もすごいけれど、こんなことを調べた人もすごい。

6 地表に現れた大地の歴史「露頭」

地表に現れた地層を露頭といいます。昔、そこは水底で、大地が隆起して地上になった場所です。観察できるチャンスがあれば、次のポイントを参考にして積極的に調べましょう。

死海（湖）にできた泥の層
地層の出現は、湖水の減少を示す。ここで見られる非常に細かい層は、夏と冬の蒸発量の違いからできた。イスラエル側から撮影。

生徒の感想

- 地層登りは一生の思い出！
- 新しい地層は、少し触るだけで崩れるので、気をつけて登った。
- 色の違いができるのは、地上のようすが変わり、海に堆積にするものが変わったから。
- 貝や植物の葉の化石がとれた。

■ よく見られる地層の特徴と調べるポイント

1. 上の層は新しくて柔らかく、下の層は古くて硬い
2. 1つの層は特徴がない泥、砂、礫であることが多い
3. 粒の大きさから、海や湖だったころの深さを推測する
4. 化石から、当時の環境や年代を推測する（p.61）
5. 特徴的な「かぎ層」を探し、地層の広がりを推測する
   ※火山灰の層は、火山が噴火した時間を示す
   ※火山噴出物が固まったものは凝灰岩（p.100）
6. 変成作用（p.101）、褶曲や断層（p.122）を調べる

①：校外学習で訪れた露頭（小さな丘に何層もの歴史が積もっている。その表層（地表）は、生物や自然による侵食・風化作用が進んでいる）。　②：安全に注意し、積極的に調べる生徒。　③：化石や特徴があるものを新聞紙に包み標本として持ち帰る。

■ 伊豆大島の地層とその柱状図

伊豆大島の地層の多くは、火山噴出物が地表で堆積したものです。水底で堆積したものとは違いますが、過去を読み解く記録です。これを調べると、大島が噴火をくり返してきたことがわかります。

凡 例	
	風化火山灰
	火山灰
	スコリア
	岩屑なだれ

地表
- 1986年噴火
- Y₁ 1778年
- Y₂ 1684年 三原山の形成
- Y₃ 1552年 長根岬の溶岩扇状地形成
- Y₄ 1421年 割れ目噴火 岳の平・シクボの形成
- Y₅ 1338年? 割れ目噴火 元町溶岩
- Y₆ 13世紀?
- N₁ 12世紀 割れ目噴火
- N₂ 9世紀?
- N₃ 9世紀 割れ目噴火 波浮の爆裂火口形成
- N₄ 8世紀?
- S₁ 6世紀?
- S₂ 6世紀? 割れ目噴火 カルデラの形成

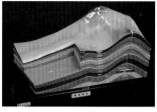

地質模型
礫、砂、泥の他に、粘土の層や地下水が広がっている様子を示している。山頂直下にはガスもある。

クリノメーター
地層の広がりを調査するために使う道具。方位や傾きを調べる。

■ 化石を含む泥岩

泥岩や砂岩にはよく化石が見られます。下の２枚は同じものですが、見る角度を変えて層の上下（新旧）を楽しく推測しましょう。

写真を撮るときのワンポイント
大きさがわかるようにメジャーやスコップなどを一緒に写す。

🔦 **生徒の感想**

・海岸近くで貝の化石を採取したことがあるけれど、化石の貝と今の貝はよく似ている。つまり、同じような環境だったのだろう。

7 泥岩、砂岩、礫岩

　できたばかりの地層は柔らかい層ですが、長い年月で硬い堆積岩になります。その分類基準は2つあり、1つは粒の大きさ（p.96）、もう1つは粒の成分（p.98）です。

■ 粒の大きさで堆積岩を分類する

　砕屑物は泥、砂、礫に分けられます。それぞれが堆積して固まった岩石を泥岩、砂岩、礫岩といいます。礫岩は「楽しい岩」で、一粒の礫が何億年も前の岩石である場合があります。一方、直径0.06mm以下の泥岩は、泥になる前の歴史を調べるのは困難です。

準　備

・礫岩、砂岩、泥岩
・ルーペ
・筆記用具

いろいろな砂岩
砂岩をつくる砂の成分は、産地によって異なる。

貝の化石がたくさんある砂岩
岩石の模様や化石の状態から、海底でつくられた地層の一部であったことがわかる。

礫　岩
（砕屑物の粒が2mm以上）

砂　岩
（0.06mm〜2mm）

泥　岩
（0.06mm以下）

■ 日本で１番古い礫を含む礫岩（20億年前）

　１個の礫岩はいろいろな歴史をもった粒を含んでいます。下の礫岩を調べると、20億年前の飛騨片麻岩類※が発見されました。

日本最古の岩石がある岐阜県七宗町　自由に見学できるが、採取はできない。

（提供：名古屋大学博物館）

上麻生礫岩　20億年前の片麻岩（白い矢印）の他に、花崗岩（先カンブリア時代）、石灰岩（古・中生代）、砂岩（古・中生代）など多様な時代・場所でできた岩石の粒を含む。

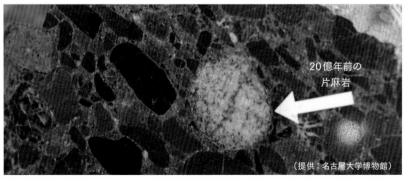

20億年前の片麻岩

（提供：名古屋大学博物館）

20億年前の片麻岩　※飛騨片麻岩類は日本最古の変成岩（p.101）の名称。

宮城県七ヶ浜の地層
①：白い泥や黒い礫などの堆積物が見られる。②：黒い火砕流砕屑物で、硬く固まればこの層全体が礫岩になる。

東京都小笠原諸島の地層（堆積岩）
①、②：貨幣石（有孔虫の化石）を含む砂岩の層。化石は必ず地層内（堆積岩）に見られる。③：時代が古い地層ほど硬くなる

生徒の感想

・日本列島ができたのは1000万年前だから、20億年前の石はどこの国でできたのだろう。

8 生物が堆積したチャート、石灰岩

粒の成分で堆積岩を分類しましょう。よくあるものは、生物の屍骸からできたチャートと石灰岩です。

■ チャート（主成分：SiO₂ 二酸化ケイ素）

チャートは、微生物の放散虫や海綿動物の屍骸が深海で堆積した岩石です。硬いけど割れやすく、白、黒、赤、黄、緑、茶などいろいろな色があります。HClと反応しません。

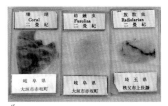

微化石（顕微鏡レベルの化石）
微生物のケイソウ、放散虫、有孔虫（フズリナ）の化石を含む市販プレパラート。

珪藻土
ケイソウの屍骸が堆積してできた土。主成分 SiO₂。多孔質の建材。

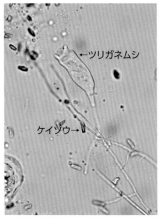

ケイソウとツリガネムシ（1000倍）
珪藻は硬い殻に包まれた単細胞生物で20,000種類。写真は茶褐色の葉緑体をもち、死骸は堆積岩になる。一方、ツリガネムシは何も残らない。

生徒の感想

・チャートはよく見かける岩石だった。いろいろな色があって、運動場にたくさん落ちている。

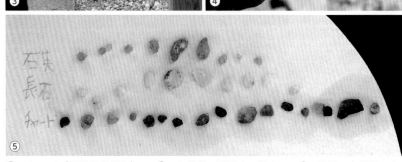

①：チャート（福井県美浜町）。　②：中学校の理科室の標本。　③：学校の玄関脇にまかれた石。その大半は色とりどりの硬いチャート。　④：筆者がチャートを割ってつくった石のナイフ（石器）。主成分 SiO₂ はガラスと同じ。　⑤：運動場の砂から選り分けた石英、長石、チャート（p.83）。

■ 石灰岩 (ライムストーン、主成分：$CaCO_3$)

炭酸カルシウム

サンゴ、フズリナ、貝などの屍骸が堆積してできた岩石です。石灰、チョーク、セメントと同じ成分で、HClと反応しCO_2を発生します。

①：塩酸と反応してCO_2を発生する石灰岩。　②：石灰岩が熱変成した大理石（結晶質石灰岩）も成分が同じなので、同じように反応する。

$$CaCO_3 + 2\,HCl \longrightarrow CaCl_2 + CO_2 + H_2O$$
炭酸カルシウム　　　　　　　　　塩化カルシウム　二酸化炭素　　水

③：**秋吉台（山口県）**　3.5億年前に赤道付近で生活していたサンゴの屍骸が1000m以上堆積してできた日本最古の石灰岩台地。古太平洋プレートにのって1億年かけて日本まで移動（プレートテクトニクス p.104）。チョモランマ、藤原岳（p.155 欄外）も同様の成因。

④：**メテオラのカルスト（石灰岩）台地（ギリシャにあるユネスコ世界遺産）**　6000万年前から侵食が始まった。標高差400m。台地は周辺より高い平坦なところ。

秋吉台の鍾乳洞（上2枚）
石灰岩は比較的水に溶けやすく、台地の地下に空洞（鍾乳洞）をつくる。鍾乳石は洞窟内で再び二酸化炭素と反応して結晶したもの。

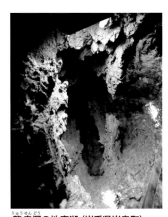

龍泉洞の地底湖（岩手県岩泉町）
大量の石灰を含む水で、世界屈指の透明度をもつ。深さ120m。

9 火山噴出物が堆積した凝灰岩

　凝灰岩は火山噴出物が堆積したものです。短時間で広範囲に飛散することから、時代や離れた地層を調べる「かぎ層」になります。

■ 凝灰岩（主成分：火山噴出物）の観察

苦灰岩（栃木県安蘇郡葛生町）
湖や海の水分が蒸発し、過飽和になった $CaCO_3$ や $MgCO_3$ が沈殿したもの（化学的沈殿岩）。

堆積岩の分類

粒の大きさ (p.96)	粒の成分 (p.98 〜 p.100)	
・礫　岩 ・砂　岩 ・泥　岩 ※砕屑岩という	生物	非生物
	・チャート ・石灰岩 ・珪藻土	・凝灰岩 ・苦灰岩 ・岩　塩

※サンゴや貝など生物の屍骸の堆積物は石灰岩（堆積岩）に分類されるが、同じ成分でも水に溶けた $CaCO_3$ の再結晶は方解石（鉱物）になる。
※珪藻土は、葉緑体をもつ水中の単細胞生物「ケイソウ」の死骸からできたもので、主成分は SiO_2（二酸化ケイ素）。

［ 生徒の感想 ］
凝灰岩は、他の岩石より軽い。

①：**凝灰岩の標本2種**　産地によって色や成分が異なる。いずれも比較的柔らかい。

②、③：**仏ヶ浦（青森県下北郡）**　緑色凝灰岩の断崖や巨岩が連なる海蝕崖。

④：**長門峡（山口県）**　中生代白亜紀の凝灰岩や溶岩（流紋岩質）の断崖。

10 いろいろな変成岩

変成岩は、熱や圧力で結晶構造が変化した岩石です。変成作用は多様で、専門の学者でも分類は困難です。

■ 変成した砂岩、泥岩の観察

①：ホルンフェルスの大断崖（山口県須佐町）　ホルンフェルスは砂岩や泥岩の変成岩。海底で地層ができてから、高温のマグマが貫入することで変成した。

②、③：左から順に泥岩、頁岩（薄くはがれる泥岩）、粘板岩（熱変成した泥岩や頁岩）、千枚岩（さらに熱や圧力で変成したもの）。

■ 偏光顕微鏡で見る大理石

マグマの熱で、石灰岩が再結晶したものを大理石といいます。それを偏光顕微鏡で観察し、大きく美しい結晶を楽しみましょう。

①：晶質石灰岩のプレパラート（40倍）。　②：①を偏光させたもの。

粘板岩の街ギロカスタル
アルバニアにある古都ギロカスタルの家屋の屋根は粘板岩。ユネスコ世界遺産。

大理石海岸（宮城県）
大理石は石灰岩が熱変成して、細かい方解石の結晶になったもの。

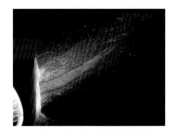

シュードタキライト（愛知県豊田市）
断層よる摩擦熱で溶けて変成した筋が見られる。

第4章

11 生まれ変わる岩石

　岩石にも一生があります。生まれ方は2つで、1つはマグマが冷え固まる（火成岩）、もう1つは水中で堆積する（堆石岩）です。岩石の最期も2つあり、1つは地表で侵食・風化されて形を失う、もう1つは地中に引き込まれて融解（ゆうかい）するという終末です。

■ プルームテクトニクス

　現在、プレートテクトニクス（p.104）をさらに推し進めた理論としてプルームテクトニクスがあります。固体のマントルが長い年月をかけて液体のように運動している、という考えです。

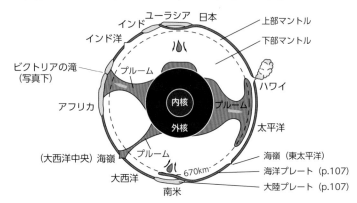

■ 洪水玄武岩が見られるビクトリアの滝

ビクトリアの滝（ユネスコ世界遺産）　短期間かつ大量に噴出した洪水玄武岩の台地から落ちる滝。この台地は1億年前のマントルプルーム上昇が原因でできた水平な台地。また、プルームの上昇は大陸分裂の原動力である、と考えられている。

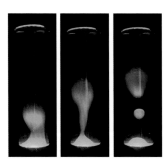

プルームテクトニクスのイメージ
地球体積84%のマントルは、ゆっくり対流（プルーム）運動している。

地震と津波で失われた大地
自然の力で出現した露頭（地層）は、崩れて土砂になり、水に運搬され、水底で新しい地層の材料になる。

固体としての地球の温度
地球は少しずつ冷えていき、やがて火山活動はなくなるだろうと考えられている。

生徒の感想

・星に一生があることは習ったけれど、石にも一生があるとは驚きだ。

・マントルは、地下深くで新しい岩石になる日を待っているんだね。

・生物は死ぬと物質に戻るけれど、岩石は物質から物質になる。

■ 岩石のまとめ（見方と分類）

　マグマは地球そのものがどろどろに溶けた液体、と考えることができます。それが冷えて固体になったものが鉱物や火成岩です。堆積岩は、削られた地球や生物の屍骸が堆積したものです。

| マグマ | ・マントル（固体）が液体になったもので、**火成岩**（火山岩、深成岩）や鉱物の材料 | | p.64 |
| | ・マグマの成分の違いは、色、粘りけ、火山の噴火の様子を決定する | | p.74 |

| 鉱 物 | ・マグマに含まれる1つの成分からできた結晶で、4000種類以上ある | |
| | ・火成岩をつくる造岩鉱物は石英、長石、黒雲母、角閃石、輝石、カンラン石、磁鉄鉱の7種類で95％を占める | p.66 |

岩 石	**火成岩**（火山をつくる） ・マグマが固まったもの ・プレートをつくる（地表） ・地殻の5％	火山岩（地表）①：流紋岩　②：安山岩　③：玄武岩 深成岩（地下）④：花崗岩　⑤：閃緑岩　⑥：斑れい岩 ⎫ ⎬ p.76 ※**火山噴出物**（溶岩、火山弾、軽石、火山灰など）はここに分類　p.70 ※火山噴出物が水中に堆積したものは堆積岩（**凝灰岩**） ※流紋岩は大陸プレート、玄武岩は海洋プレートともいえる
	堆積岩（地層をつくる） ・水底で堆積したもの ・地殻の80％	粒の大きさ　**砕屑岩**　①：泥岩　②：砂岩　③：礫岩　p.96
		粒の成分　**生物岩**（チャート、石灰岩）　p.98 　　　　　**非生物からできた堆積岩**（凝灰岩）　p.100
	変成岩 ・地殻の15％	・熱や圧力で組成や結晶構造が変化した岩石（風化は含まない） ・実際の現場では変成岩が多く、分類は困難　p.101

自然界にある岩石での正確な分類はむずかしい。しかし、岩石どうしの関連性や違いに着目し、典型的ではない岩石の位置を考えることが重要。

■ 人類と岩石の歴史（時間）

　人類は古くから石器、硬貨、神殿をつくる材料として石を利用してきました。宝石は特別な存在で、永遠のあこがれの的です。その岩石は、人の一生とは比較にならない地球レベルの時間で循環しています。

岩石を観察、スケッチする視点
岩石を構成する粒に着目する。色、大きさ、結晶の形など、肉眼レベルで正確に観察、スケッチする。

①：硬い岩盤の上につくられたエルサレムの城壁（イスラエルのユネスコ世界遺産）
②：古代都市ペルセポリスにある野ざらしの彫刻（イランのユネスコ世界遺産）

第5章 プレートの動きと地震

　東日本大震災（2011年）、北海道胆振東部地震（2018年）を予測できなかったことは、現在の科学技術では地震を予知できないことを示しています。その一方、地震発生のしくみはプレートテクトニクスによってほぼ解明され、さらに大規模な地球内部の動きについて研究が進んでいます。この章は動き続ける大地について調べます。

1 プレートテクトニクス

海嶺と海溝とトラフ

海嶺	・マグマを吹き出し、プレートを形成する場所 ・海底火山ともいい、地表より広大な海底山脈をつくる ・地球内部の熱エネルギーの大部分は海嶺から放出される
海溝	・プレートが地球内部へ沈み込む場所
トラフ	・深さ6000m未満の細長い海底盆地 ・6000m以上は海溝という

　プレートテクトニクスは、大陸がプレート（硬い板）上に浮かぶ「島」のような構造でゆっくり動いている、という考えです。ドイツのヴェゲナーはこのもとになる「大陸移動説」を1912年に提案し、その後、「海洋底拡大説（下図）」を経て現在のプレートテクトニクスが完成しました。現在は、1990年代以降に提唱されたプルームテクトニクス（p.102）を中心に、さらに地球深部の研究が進んでいます。

■ 海洋底拡大説（1960年代はじめ）のモデル
　海底岩盤をつくる物質が中央海嶺から吹き出すという説が始まり。

枕状溶岩（父島）
海底に噴出したマグマは急冷されて枕のような形になる。マグマは玄武岩質で黒くて比重が大きく、大陸プレートの下へ沈む海洋プレート（p.107）になる。

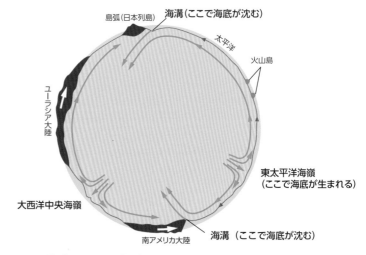

島弧(日本列島)　海溝(ここで海底が沈む)　太平洋　火山島　ユーラシア大陸　東太平洋海嶺（ここで海底が生まれる）　大西洋中央海嶺　南アメリカ大陸　海溝（ここで海底が沈む）

大陸プレートと海洋プレートの地球の断面図
※海嶺で新しい海底がつくられ、四方八方へ広がる。海溝に達すると、地中に沈む。この考えがプレートテクトニクス（1960年代後半）へ発展した。

2　ヴェゲナーの大陸移動説

　ヴェゲナーが初めに直感したのは、大西洋を挟むヨーロッパ・アフリカと南北アメリカの海岸線が一致することです。当時は直接的な証拠がありませんでしたが、現在は大西洋中央海嶺（p.106）がマグマを噴出させ、東西に大陸が離れていったことがわかっています。

■ ヴェゲナーが考えたパンゲア大陸（2.5億年前）の分裂、移動

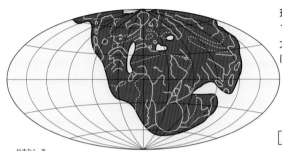

現在から約3億年前は、1つの大陸だった。その大陸をパンゲアと名づけた。

□ 海　■ 陸地

石炭紀後期（約3億年前）

↓　パンゲア大陸が分裂し、海の上を漂うように移動していった。

第三紀始新世（5000万年前）

↓　現在の6大陸と似たような形になった。

第四紀前期（150万年前）

→ 今も大陸は移動している。 →

6つの大陸を組み合わせる
世界地図をコピーしてはさみで切る。それをジグソーパズルのようにはめていく。

大陸移動説の模式図
※パンゲアは「すべての陸地」の意味。2.5億年前に生まれ、2億年前から再び分裂し始めた（p.59）。また、現在から過去を推測することは、現在から未来を予測することにつながる。過去のデータ収集は、地学的予測にとても重要。

アルフレッド・ヴェゲナー（ドイツ）
1912年、大陸移動説を以下の証拠にもとづいて提案した。
（1）両大陸に同じカタツムリがいる
（2）共通する化石（過去の生物）
（3）山脈の連なり方
（4）岩石に残された氷河の傷跡

GPS（Global Positioning System）
人工衛星からの信号を使って、位置と時間を得るしくみ。地殻の変動を詳細に3次元で観測できる。

第5章

3 現在の地球のプレート

地球の岩盤は、地殻とマントル上部を合わせた板（プレート）からできています。厚さ10〜100kmで、地球全体で約15枚あり、それぞれの方向へ速さ1〜10cm/年で移動しています。プレートは、海洋プレートと大陸プレートに分けられます。

過去に存在した大陸プレート
過去の大陸プレートには諸説あるが、そのうち1つは19億年前にできたヌーナ大陸（地質年代 p.59）。

現在の6つの大陸（プレート）

(1) ユーラシア大陸
(2) アフリカ大陸
(3) 北アメリカ大陸
(4) 南アメリカ大陸
(5) 南極大陸
(6) オーストラリア大陸

※大陸プレートは密度が小さい花崗岩質。海洋プレートと衝突したときに浮く。

地球深部探査船「ちきゅう」（模型）
地球の深部を探査する日本の科学掘削船。船舶中央はデリック・ドリルフロア（やぐらと掘削機器）。

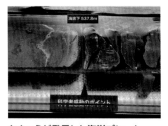

ちきゅうが発見した海洋プレート
海底下537.8mで確認できた海洋プレート。左が採集した海洋プレートの一部（玄武岩）、右は海洋堆積物。

■ 地球上を移動する15枚の巨大プレート

海洋プレートは海嶺（海底火山）でつくられます。海嶺は高密度の玄武岩質マグマを吹き出し、その結果として大陸が移動します。

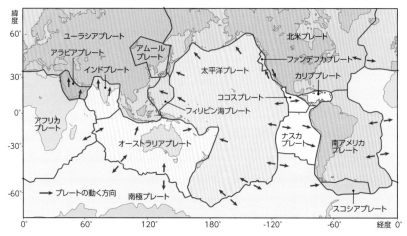

※3億年後、現在の大陸プレート6つが衝突、合体して1つの巨大な大陸プレートになると予測されている。なお、境界があいまいなプレートもあり、15枚とは言い切れない。

■ 世界の主な海溝と海嶺と火山（地上）

海洋プレートは海溝（大陸プレートとぶつかったところ）で沈みます。大陸プレートは浮かんだままです。地震、大規模な造山活動、日本列島の成り立ちなどは、この現象から説明できます。

4 大陸と海洋のプレートの密度

　密度が違う 2 つの物質を混ぜると、密度の大きいほうが沈みます（p.63）。岩石は固体ですが、ぶつかりあう地点では液体のような現象がおきます。次に大陸プレートを花崗岩、海洋プレートを玄武岩として、それぞれの密度を比較しましょう。

■ 花崗岩と玄武岩の密度を求める方法

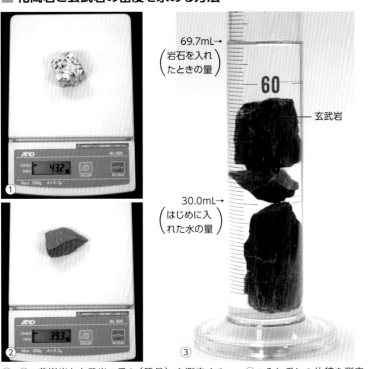

①、②：花崗岩と玄武岩の重さ（質量）を測定する。　③：それぞれの体積を測定、計算する（岩石を入れたときの量−はじめの量）。そして、質量と体積から密度を計算する。

■ 測定結果と考察

	花崗岩	玄武岩
質　量	43.2g	39.3g
体　積	16.0cm³	13.1cm³

↓　密度＝質量÷体積

	花崗岩	玄武岩
密　度	2.7g/cm³ （43.2÷16.0）	3.0g/cm³ （39.3÷13.1）
衝突すると…	浮　く	沈　む

　密度は花崗岩 2.7g/cm³、玄武岩 3.0g/cm³ でした。したがって、2 つが衝突すると玄武岩（海洋プレート）が沈みます。花崗岩（大陸プレート）の日本列島は沈みませんが、地震が頻発します。

・花崗岩、玄武岩
・電子てんびん
・メスシリンダー

ユーラシア大陸（ウランバートル）
ユーラシア大陸は花崗岩質。古く、侵食作用で丸みを帯びた地形が続く。なお、ユーラシア大陸をヨーロッパ大陸とアジア大陸に分ける考えもある。

マントルとプレートの状態
マントルは固体だが、長い時間で見れば液体のように振るまう。プレートは形を保ったまま固体としてマントルの上を移動する。ただし、海洋プレートは地中で融解する。

大陸の下の地殻がぶ厚い理由
高い（重い）山の下には、密度が小さい岩石がある。逆に、密度が小さい海水（1g/cm³）の下には、密度の大きな岩石がある。こうして地殻全体としてバランスを保つ仕組みを、**地殻の平衡（アイソスタシー）** という。

生徒の感想

・大陸が移動するなんて、かなり驚いたけれど、将来 6 つの大陸が 1 つになるなんて信じられない。
・日本列島の近くに世界 1 位と 2 位の海溝がある。

5 世界の震源地と地震

世界の震源地は決まっています。どこでも発生するわけではありません。完全にない、と言えるほど発生しない場所もあるのです。震源地は、p.106のプレートの境界線とほぼ重なります。

p.106のプレートの境界線

■ 世界のおもな震源地

震源は、プレートが生まれる海嶺、プレートが沈み込む海溝に集中しています。とくに、日本は世界有数の地震国で、太平洋を取り巻く環太平洋地震帯（かんたいへいようじしんたい）といわれる多発地域に含まれます。

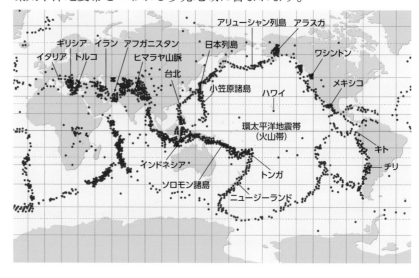

■ 地震を発生させる実験

主な地震の原因は、少しずつ蓄積された岩石の歪（ひず）みが一気に解放されることです。爆弾が爆発するようなもので、地震はその衝撃が大地を伝わってきたものです。

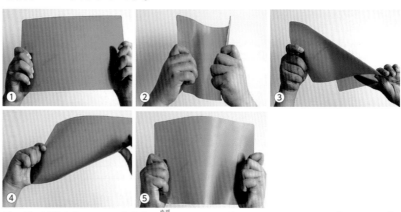

①〜⑤：下敷きをいろいろな方向に歪（ゆが）めてから、一方の手をはなす。※この実験では下敷きは元に戻るが、実際の地震は下敷きが割れたりひび割れたりするような現象も主な原因。

地震と地殻変動

瞬時に起こる地震は、ゆっくりしたp.120の地殻変動（隆起、沈降）と区別する。ただし、地震も地殻変動もプレートの動きから説明できる。

震源と震央（震央距離）（しんげん・しんおう）

震源	・地震の発生地点（地下） ※深さも重要な要素
震央	・震源の真上（地表） ・震源地ともいう ※位置だけが示される ※震央距離：観測地点から震央までの距離

カリーム・ハーン城塞（イラン）（じょうさい）

地震によって傾いた建造物を何度も修復した跡がある。

生徒の感想

・下敷きをはなしたときの音が楽しい。

・私の下敷きは小学校のときに買った大切なものなので割れないように実験した。

・テレビでよく紹介しているプレートによる地震は、下敷きの実験のような海溝型地震だった（p.109）。

■ 地震の分類（震源、原因や特徴）

地震は４つに分類できます。３つはプレートの動きによるもの、１つはプレートとは無関係の火山性地震です。

プレートによる地震	プレート間地震	・沈み込む海溝型（大陸と海洋プレート）と盛り上がる衝突型（大陸プレートどうし）に大別される ・海溝型は震源が深く、Ｍ（マグニチュード）が大きく、津波あり
	海洋プレート内地震	・海洋プレート内の摩擦や歪み。100年に１回程度の割合で津波あり
	大陸プレート内地震	・大陸プレート内の断層が動く地震で、活断層型、直下型、内陸型ともいう。（活断層は繰り返し動く p.122） ・震源が浅く、Ｍ小、被害大、津波なし
	火山性地震	・火山活動にともなう地震 　※断層活動やプレートテクトニクスとは無関係 ・震源浅い、Ｍ小、被害大、津波なし

※大まかな分類（海溝型・内陸型）p.110 欄外

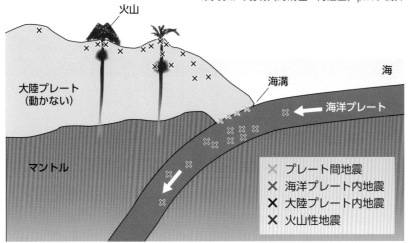

※プレートは、地殻とマントル最上部を合わせた硬い岩板（p.106）。

アルプス山脈
中生代から新生代にかけて、アフリカ大陸がヨーロッパ大陸に衝突してできた山脈。古く、火山や地震活動は少ない。ヒマラヤ山脈に続く。

■ 地震と温泉はあるけれど、噴火しないヒマラヤ山脈（衝突型）

世界最高峰チョモランマは、大陸プレートどうしが押し合ってできた褶曲山脈（ヒマラヤ山脈）の一部です。摩擦や歪みによる地震や温泉はありますが、マグマはないので噴火しません。

①：世界の屋根といわれるヒマラヤ山脈（アンナプルナ山系、ネパール）。
②：同山脈の東端、標高3100mにある聖地バドリナートの温泉（北インド）。

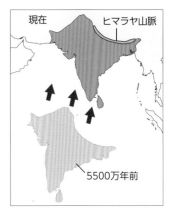

南の海から移動したインド亜大陸
ヒマラヤ山脈は石灰岩（海の生物の屍骸）の地層からできている。今もインド亜大陸は北上を続け、チョモランマは年々高くなっている。プレートテクトニクスによる大陸プレートどうしの衝突。

6 日本の震源地とプレート

日本列島は5つのプレートがぶつかりあう激震地です。3つの大陸プレート上に日本列島があり、隣接する2つの海洋プレートが大陸プレートとの境界で沈みます。海溝型地震はその境界面で、内陸型地震は境界面で発生する熱や歪（ゆが）みの影響によって発生します。

■ 日本付近の4つのプレートと震源の分布

プレートの境界と震源は一致しています。地震の主な原因は、プレートの動きによる断層活動だからです。

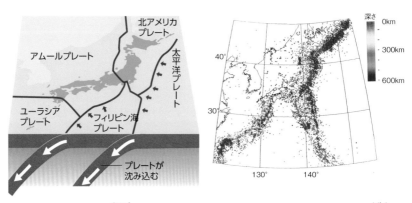

※太平洋プレートは千島海溝（ちしまかいこう）と日本海溝と伊豆小笠原海溝、フィリピン海プレートは相模ト（さがみ）ラフと南海トラフと琉球海溝をつくる。海溝とトラフの違いは p.104 参照。

■ 仙台付近の断面図から、3種類の地震を見分けよう

下図は仙台付近の主な震源を表した図です。その位置は2つに大別されます。1つは太平洋プレートが斜め下に沈み込む面に沿ってできるプレート間地震（海溝型地震）、もう1つは比較的浅い位置で発生する大陸プレート内地震と火山性地震です。

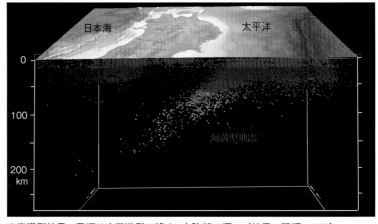

※海溝型地震の震源は太平洋側で浅く、内陸部で深い。（地震の種類 p.109）

地震の大まかな分類

海溝型	・比較的深いところ ・広い範囲に連動する ・津波の発生
内陸型	・内陸の浅いところ ・人口密集地で大被害 ・兵庫圏南部地震 1995 年 ・熊本地震 2016 年

※詳細な分類は p.109。

糸魚川・静岡構造線、中央構造線
糸魚川・静岡構造線は北アメリカプレートとアムールプレートの境界で、互いに押し合い続けている。中央構造線は日本最大級の断層系。

沖縄は沖縄プレートからできている
沖縄は琉球海溝でのフィリピン海プレート沈み込みで形成されるが、ユーラシアプレートとは沖縄トラフで切り離されるので、沖縄プレートとして細分できる。

生徒の感想

・日本はたくさんのプレートからできているので、ばらばらになってしまいそう。

・宇宙が 138 億前、太陽が 46 億年前、日本列島が 1000 万年前、そして、私が 15 年前に生まれた。どれも不思議。

■ 大陸プレートの一部としての日本列島の断面図

　太平洋プレートは 10cm / 年の速さで、北アメリカプレートの下へ沈み込んでいます。その場所は世界第 2 位の深さの日本海溝で、その断面は日本の地震の震央（震源地）と一致しています。

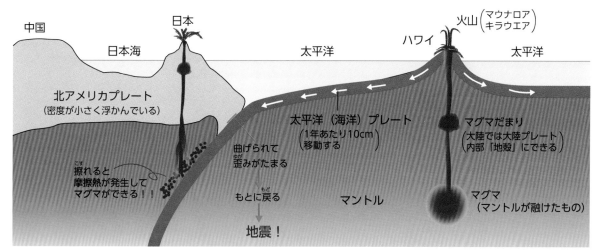

※歪められた大陸プレートはエネルギーを蓄積する。10cm / 年を単純計算すると、100 年ごとに地盤が 10m 動く大地震が発生する。
※名古屋の断面図は、アムールプレートとフィリピン海プレートになる。

■ 地震と津波の関係

　震源が海にある場合、地震波は津波に変わります。とくに複数の断層が連動した大地震は大津波をつくります。一方、内陸型地震（大陸内プレート地震、火山性地震）の場合、津波の心配はいりません。

※巨大津波で鉄道の陸橋に乗った家屋（宮城県気仙沼、2011 年 8 月）

　地震速報は揺れが始まってから出るレベルですが、津波警報はとても有効です。地震が発生してから約 3 分で、気象庁が発表します。該当する地域なら、すみやかに避難することが大切です（p.118）。

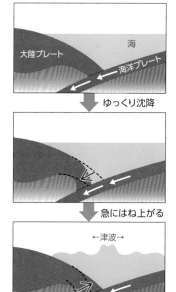

津波のしくみ

津波は海底で発生し、全方向へ広がる。その波は、陸に近づくほど遅く、高さを増す。岬の先端や細い湾で水が集まって高くなり、川を遡上することもある。

7 地震の大きさ

みなさんはどれだけ大きな地震を体験したことがありますか。地震の大きさは震度とM（マグニチュード）の2つの方法で表わされます。それらの違いをしっかり理解しましょう。

地震の大きさの表し方

震度	・ある地点での揺れ
マグニチュード	・地震そのもののエネルギー
ガル	・波の加速度（cm/秒²）
カイン	・波の最高速（cm/秒）

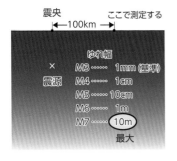

ローカル・マグニチュード (ML) の計測方法

1935年、地震学者リヒターは地震そのものの大きさ（M）を定義した。それは、震央から100km地点の揺れ幅で求める。揺れ幅はM1で10倍、エネルギーはM1で$\sqrt{1000}$倍＝約32倍になる。この方法では、M7で実際のほぼ最大値10mになる。

モーメント・マグニチュード (Mw)

マグニチュードの計算方法は複数あり、最近の主流は断層の大きさから求めるMw。東北地方太平洋沖地震2011年はMw9.0。日本では気象庁マグニチュード（MJ）を使う。

■ 震度は、その場所での大きさを示す

震度は各地の揺れの大きさを10段階で表わしたものです。震度計で測定した数値をもとにしますが、実際の被害は建物や地盤によって大きく変わります。

震度0	・地震計は記録するが、人は感じない
震度1	・屋内にいる人の何人かだけが感じる
震度2	・電灯などがわずかに揺れ、屋内の多くの人が感じる
震度3	・食器類が音を立てて揺れる
震度4	・座りの悪いものが倒れ、身の危険を感じる
震度5弱	・家具が移動し、安全装置が作動する ・地盤の亀裂、落石の危険性がでる
震度5強	・棚のものやテレビが落下し、恐怖を感じる
震度6弱	・耐震性の低い建物は倒壊し、人は立っていられない ・地割れや山崩れの可能性がでる
震度6強	・多くの建物に被害が生じ、立って移動できない
震度7	・最大規模の揺れと被害 ・地形が変わり、人は避難できない

※この震度階級表は、日本国内だけで適用される（10段階）。

■ マグニチュードは、地震そのものの大きさ（エネルギー）を示す

マグニチュードは地震そのものの大きさを表します。震度は場所によって変わりますが、マグニチュードは変わりません。これは世界各地や過去の地震と比較するときに便利な数値です。

地震そのものの大きさを　**M**　で表す。

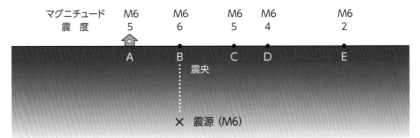

※地震発生時に報道される地震情報は、地震発生時間、震央（震源地）、地震そのもの大きさ（マグニチュード）、震源の深さ、各地の震度、その他の情報など。

■ 地震計のしくみ

　地震計の内部には大地が揺れても動かない部分があります。物体の慣性を利用したしくみで、糸に吊るした錘で確かめられます。

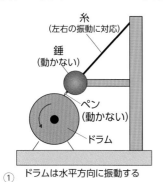

①：水平方向の動きを記録するしくみ。

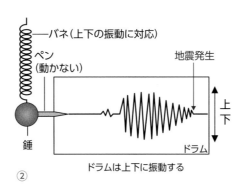

②：上下の動きを記録するしくみ。

生徒の感想

・ 糸を速く動かすほうが安定している。ものすごくゆっくりの場合は、糸と錘が一緒になって動いた。
・ 慣性の法則はフーコーの振り子（p.34）と同じ。

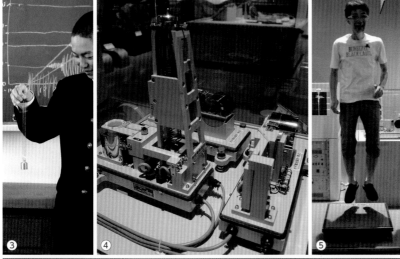

積層ゴム型免震装置
免震装置の上の建物は、慣性の法則により、同じ位置にとどまろうとする（揺れが少なくなる）。

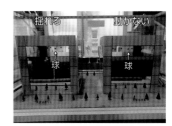

免震実験の様子
免震装置のある建物の揺れは小さく（右）、建物内部に吊るされた球は動かない。

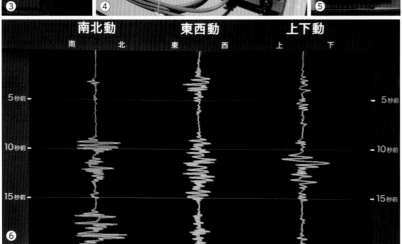

③：バネに吊るした錘は、手をゆっくり動かせば動く。しかし、素早く動かすと、上下左右どの方向にも動かない。　④：名古屋市科学館の地震記録装置。振動を3方向に分けて記録し、分析する。　⑤：ジャンプして震動をつくる著者。　⑥：地震計の記録。

8 地震の揺れ方

　地震の揺れ方は2つです。初めは小さくカタカタと揺れ（初期微動）、その後大きくゆさゆさと揺れます（主要動）。本物の地震を感じたら、安全確認の次に揺れ方の違いを感じましょう。

■ 地震計による記録（P波とS波）

　地震の揺れを左から右へ記録すると、次のようになります。

波は2種類に分解できる
どんなに複雑な波でも、物理学的に2つの波（縦波、横波）に分けて分析できる。

水面にできる波紋は横波
石を池に投げ入れたとき、広がっていくように見える波は横波。波は進むけれど、水そのものは進まない。逆に、縦波は波の方向と波を伝えるものの運動方向が同じ。

地震の音は伝わるのか？
音は物質（岩石や空気）を使って伝わる疎密波（縦波）。遠いほど小さくなる。

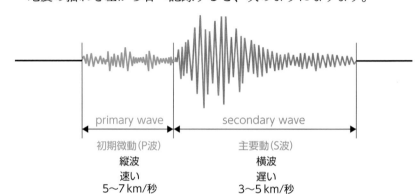

primary wave	secondary wave
初期微動(P波)	主要動(S波)
縦波	横波
速い	遅い
5〜7km/秒	3〜5km/秒

※地震の大きさとは関係なく、初期微動の次に主要動が記録される。
※震源からの距離は、初期微動継続時間に比例する（p.116）。

■ 初期微動（縦揺れ）と主要動（横揺れ）の模式図

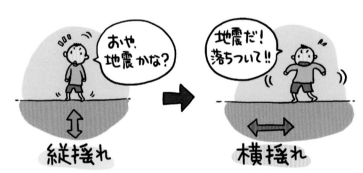

※震央（震源の真上の地点）における揺れ方

初期微動	主要動
P　波	S　波
縦波（縦揺れ）	横波（横揺れ）
速い（5〜7km/秒）	遅い（3〜5km/秒）
・進行方向　＝　振動方向 ・疎密波（圧縮・膨張）	・進行方向と振動方向が垂直
・固体と液体の中を伝わる ・ギターを鳴らしたときの本体から出る音と同じ性質を持つ縦波	・一般的に固体の中だけを伝わる ・ギターの弦を弾いたときの弦と揺れと同じ性質を持つ横波

※波の速さは条件によって大きく変わるが、P波とS波は2倍ほど違う。

生徒の感想

・地震の初期微動は、コップや電灯が縦に揺れることでは経験していました！
・縦揺れは、みんなでジャンプすればつくれるよ。かなづちでたたくのも縦揺れ。

9　縦波と横波をつくろう！

縦波と横波をつくってみましょう。波をつくる手の動かし方が全く違うことがわかります。また、見る方向を変えると見え方が変わりますが、縦波は縦波、横波は横波です。

準　備

・バネの玩具（下の写真）

■ 縦波、横波をつくる方法

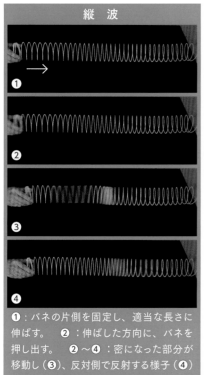

縦　波

❶：バネの片側を固定し、適当な長さに伸ばす。　❷：伸ばした方向に、バネを押し出す。　❷〜❹：密になった部分が移動し（❸）、反対側で反射する様子（❹）を観察する。

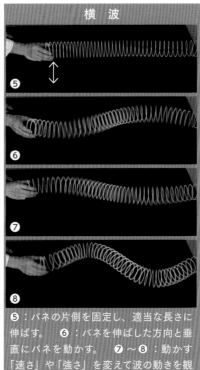

横　波

❺：バネの片側を固定し、適当な長さに伸ばす。　❻：バネを伸ばした方向と垂直にバネを動かす。　❼〜❽：動かす「速さ」や「強さ」を変えて波の動きを観察する。

■ 上の実験を 90 度回転させたもの

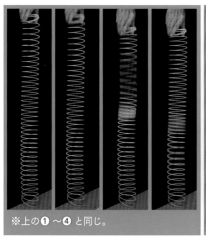

※上の❶〜❹と同じ。

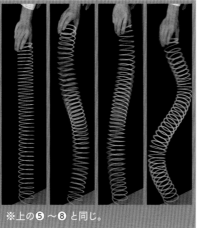

※上の❺〜❽と同じ。

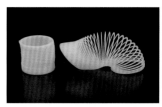

ディスカウントショップで購入した玩具

楽器の音は縦波

ギターの弦を弾いてつくった振動は横波。これを楽器全体に共鳴させて、美しいギターの音（縦波）にする。

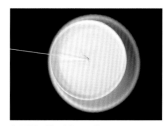

糸電話に使う紙コップ

紙コップの底は前後に動く。よく見ると、糸も縦揺れ。音波＝縦波＝疎密波。ヒトの耳の鼓膜も縦揺れ。

生徒の感想

・縦波をつくるのがむずかしい。瞬間的に手を押し出すようにするとできる。
・横波は簡単にできました。
・横波は細かく動かすとたくさんできて面白い。
・縦波と横波は 90° 違うと思う。

10 初期微動継続時間を調べよう

震源からの距離によって変わること

- 発生時刻が遅くなる
- 初期微動の揺れが小さくなる
- 初期微動継続時間が長くなる
- 主要動発生時刻が遅くなる
- 主要動の揺れが小さくなる

みなさんは地震を感じたとき、初めの小さな縦揺れの時間で、震源までの距離がわかることを知っていますか。私は地震を感じると、次の主要動を感じるまでの時間をカウントします。例えば、10秒続けば約70kmです（求める方法p.117、P波の速さは約7km/sとする）。

■ 3つの地点における地震計

下のグラフは、震源からの距離が違う3つの地点の記録を1つのグラフに書いたものです。横軸は各地点における2つの波の到着時刻、縦軸は震源からの距離を表わしています。

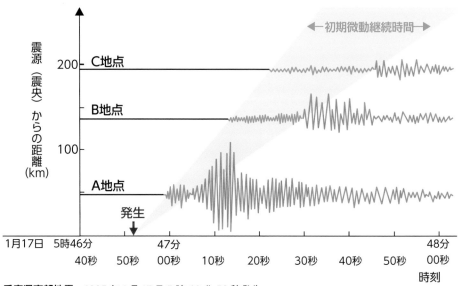

兵庫県南部地震 1995年1月17日5時46分52秒発生

上のグラフから、以下の3つの比例関係があることに気づきます。比例とは「ある条件を大きくするとその結果も大きくなる」という関係です。

生徒の感想

- 縦揺れの時間だけで距離がわかるなんてすごい！
- 震源地は縦揺れなしで、いきなりドーンと来る。
- 縦揺れの長い地震は震源地が遠いけれど、とても大きな地震が発生したのだと思う。
- 地震の波が襲ってきても、走って逃げることはできない。

> 1. 震源からの距離とP波が到着する時刻は比例する
> 2. 震源からの距離とS波が到着する時刻は比例する
> 3. 震源からの距離と初期微動継続時間は比例する

■ 地震の発生時刻を求める方法

各地点の揺れ始めの時間（P波の始まり）を結ぶと直線になります。その直線と横軸の交点が地震の発生時刻です。主要動（S波）の始まる点を結んでも、同じように求められます。上のグラフから求めた2本の直線は5時46分52秒の1点に集まります。

■ 震源までの距離を求める方法

　震源までの距離は、初期微動継続時間に P 波の速さをかけるだけで求めることができます（大森公式、1918 年）。

> 例：P 波 7.0 km/s、S 波 3.5 km/s の場合
>
> 初期微動継続時間 ＝ S 波が届いた時間 － P 波が届いた時間
>
> 　　　　　　　　＝ 震源からの距離 ÷ 3.5 km/s － 震源からの距離 ÷ 7.0 km/s
>
> 　（分母を 7.0 km/ 秒にそろえて、引き算すると、）
>
> 初期微動継続時間 ＝ 震源からの距離 ÷ 7.0 km/s
>
> 　（これを変形すると、）
>
> 　　　　**震源からの距離** ＝ 初期微動継続時間 × 7.0 km/（P 波の速さ）

■ 震度と地震の伝わり方

　震度は震源に近いほど大きく、遠いと小さくなります。しかし、震源での揺れは、すべての波が同時に来るので初期微動はありません。いきなりドカンと揺れ始めます。初期微動の揺れは、震源から遠いほど弱くなり、継続する時間が長くなります。

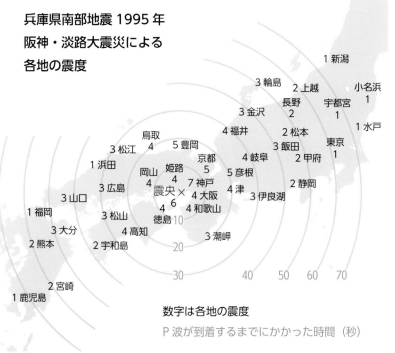

兵庫県南部地震 1995 年
阪神・淡路大震災による
各地の震度

数字は各地の震度
P 波が到着するまでにかかった時間（秒）

※震央からの距離が同じでも、地盤によって震度が異なる。
※同様に、地震波が到着するまでの地盤（海、湖もある）によって、揺れ始める時間も異なる。

人と防災未来センター（神戸市）
阪神・淡路大震災の教訓を世界共有の財産として後世に継承することなどを目的とするセンターで、全国から多くの修学旅行生が訪れる。

阪神・淡路大震災に関するデータ
（気象庁：兵庫県南部地震）

発生日時	1995.1.17　5:46 52"
震 央	・淡路島北部 （北緯 34 度 35 分 54 秒 　東経 135 度 2 分 6 秒）
震 源	・深さ 16km
規 模	・M7.3
最大震度	・震度 7（兵庫県神戸市）
原 因	・六甲－淡路断層帯の活動
死 者	・6437 人 　（行方不明者を含む）

地震発生から揺れ始めるまでの時間を色分けする生徒

11 地震による災害、防災

地震は自然現象の1つです。地震は災害を引き起こしますが、災害と恩恵の区別はヒトによるものです。同じように、自然災害と人的災害の区別も明らかにして防災につなげましょう。

■ 東日本大震災

2011年、三陸沖を震源とする世界最大級の地震が発生しました。北アメリカプレートに太平洋プレートがもぐり込む海溝型地震で、大津波、地盤沈下、土砂崩れ、火災などの大災害が発生しました。

中学校での防災訓練
二次災害やさまざまな状況を想定して、訓練することが重要。

マグニチュードの大きな地震

1923年	関東地震 (M7.9)
1995年	兵庫県南部地震 (M7.3)
2008年	岩手・宮城内陸地震 (M7.2)
2011年	東北地方太平洋沖地震 (M8.4)
2016年	熊本地震 (M7.3)
2018年	北海道胆振東部地震 (M6.7)
2022年	福島県沖地震 (M7.4)

※日々の観測にもかかわらず、これらの地震予測はできなかったという歴史がある。

東日本大震災に関するデータ
（気象庁：東北地方太平洋沖地震）

発生日時	2011.3.11　14:18
震央	・三陸沖（牡鹿半島の東南東島130km）（北緯 38度 6分12秒 東経142度51分36秒）
震源	・深さ24km
規模	・M8.4
最大震度	・震度7（宮城県栗原市）
種類	・海溝型、逆断層
死者	・約23000人（行方不明者を含む）

①：地盤沈下で海水が溜まったままの土地（宮城県気仙沼市、2011年8月）

②：地震による津波で破壊された堤防。　③：15mの津波の遡上高（陸地の最大到達高度）は35mに達し、広範囲にわたって町を壊滅させた。左奥の高台にある家屋は災害を逃れた。　④：倒壊し流された家屋。　⑤：がれきと化した車の山。

■ 液状化現象の実験方法と様子

　もともと海や湖だった場所を埋め立てた土地は、地震で液状化することがあります。地面全体が液体のようになり、密度の小さい水が浮き上がり、密度の大きい建物や物質が沈みます。

①：液状化実験装置をセットする。　　②〜⑥：振動を与え、液状化の様子を観察する。
※密度については p.63 参照。

■ 原子力発電所事故から見えること、人災と天災の区別

　東日本大震災で起きた福島第一原子力発電所の爆発は、世界最悪レベルの原発事故です。これは、地震という１次災害（地学では自然災害）から発生した２次災害です。２次災害は、さらに自然災害と人的災害に区別できますが、後者は人間の努力でかなり防ぐことができます。原因と責任の明確化は、防災・減災への第１歩です。

①、②：女川原子力発電所の前を走る調査船と採取した海水。
③：再生可能エネルギーのひとつである風力発電。　　④：地震多発地帯で可能な地熱発電。

津波による災害を防ぐ標識
リアス海岸に沿った道路は起伏がある山道なので津波被害をイメージしにくく、標識が頼りになる。震源が海の場合、必ず津波がくる。

地震に関する２つの警報

津波警報	・津波到着まで数10分あるので避難できる
緊急地震速報	・激震地は数秒後に揺れるので避難できない

防災・減災

洪水対策	堤防、調圧水槽、遊水池
土石流	砂防ダム

生徒の感想

・私は埋め立て地に住んでいるから、液状化したら逃げようがない。
・自然災害と人的災害の区別はむずかしい。また、2011 年の原発事故の汚染水の海洋放出は、人的な３次災害になる可能性があるように思う。
・自然災害を 100％予測し、防災することはできない。減災や自然と共に生きることが必要だと思う。
・防災訓練はとても大切だと思いました。

12 地殻変動

　大地の隆起や沈降、地層の褶曲や断層など大規模な大地の変化を地殻変動といいます。これは長い年月をかけてゆっくり行われる変動で、プレートテクトニクスから説明できます。

■ 日本各地の隆起、沈降（1883〜1999年の年間平均）

　大地は24時間上下左右に動いています。下図は日本各地の上下動（隆起、沈降）を示したものですが、場所によってスピードが違います。あなたの土地が100年後にどうなっているか計算してみましょう。

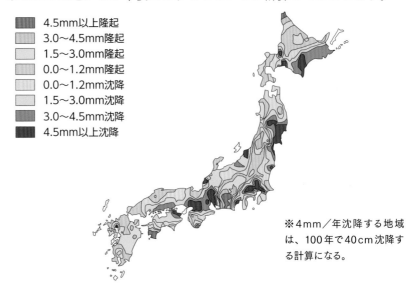

- 4.5mm以上隆起
- 3.0〜4.5mm隆起
- 1.5〜3.0mm隆起
- 0.0〜1.2mm隆起
- 0.0〜1.2mm沈降
- 1.5〜3.0mm沈降
- 3.0〜4.5mm沈降
- 4.5mm以上沈降

※4mm／年沈降する地域は、100年で40cm沈降する計算になる。

死海（アラビア半島の塩湖）
世界で1番低い地表にある湖（海抜−418m）。西側はアフリカプレート、東側はアラビアプレート。イスラエル側から撮影。

水準点と三角点
水準点は海水面を0mとした高さ（標高）の基準点。主な道路脇2km毎にある。三角点は緯度・経度の基準点。

濃尾平野の陰影段彩図
青〜水色は海抜0m以下。（出典：国土地理院ウェブサイト）

┌ 生徒の感想 ┐

- 土地が上下するなんて信じられないけれど、1年間に2、3mmなら「そんなもんかなあ」と思う。むしろ変わらないほうがおかしいかも。

- 今のペースが続くと、自分が60歳になるまでに家が30cm沈む。1万年後の中学校は海なので竜宮城。

■ 大地の隆起によってできた断崖

鵜ノ巣断崖（陸中海岸国立公園、岩手県）　太平洋の強い侵食作用と大地の隆起によってできた高さ200mの断崖絶壁。その上部は平坦な丘陵地帯になっている。

13 隆起と沈降による海岸の形

　陸と海の境界を海岸といいます。その形は隆起によってつくられた砂浜（ビーチ）、沈降によってつくられたリアス海岸に分けられます。

伊良湖岬の砂浜（愛知県）
大地が隆起すると、単調な地形の砂浜ができる。

■ 沈降したときの海岸線を予測してみよう

　興味ある海岸の地図をコピーし、等高線に沿って色塗りしましょう。

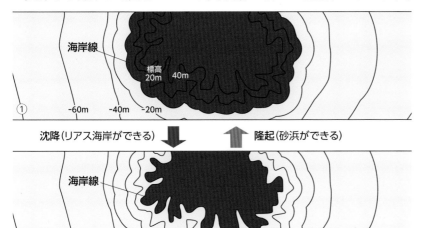

①、②：標高40mまで海の色を塗り、海岸線が複雑になることを確認する。
※海底の等高線がある地図なら、隆起したときの砂浜が予測できる。

■ 海岸（河岸）段丘のでき方

　海岸段丘は海岸が階段状になったもので、波の侵食と突然の隆起が原因です。同じ作用が河川で起こると、河岸段丘ができます。

1：波が海岸を 侵食 し、できた土砂が、海底に堆積する

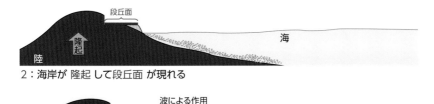

2：海岸が 隆起 して 段丘面 が現れる

3：1、2のくり返しで 段丘面 が増える　　　（海面が下がったのではない）

東北地方のリアス海岸
水色は2011年の東日本大震災で津波被害の大きかった海岸。北端は岩手県宮古。宮古より南のリアス海岸は、沈降を繰り返していることが示す。地盤が低くなれば、津波被害も大きくなる。

生徒の感想

・リアス海岸は、沈降するほど複雑になることがわかった。
・等高線別に塗って、ぱらぱら漫画のようにしてみよう！

14 大きな力による地層の変化

大きな力が地層に加わると、褶曲したり断層ができたりします。活断層は今も活動している断層ですが、明確な基準はありません。

活断層

数10万年前から活動中の断層で、日本に2000以上ある。活断層による内陸型地震は1000年〜数万年に1度(地震の分類 p.109)。

■ 正断層と逆断層のモデル

地層が切れ、食い違うことを断層といいます。左右に引っ張られてずれたものを正断層、左右から押されてずれたものを逆断層といいますが、実際は東西南北を含め、複雑な断層をつくります。

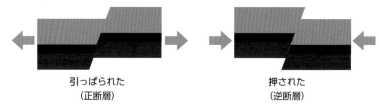

引っぱられた　　　　　　　　　押された
（正断層）　　　　　　　　　（逆断層）

※上下方向（正断層、逆断層）だけでなく、水平方向にもずれる（横ずれ断層）。

■ 断層実験装置で逆断層の実験

断層面の上になっている地層に着目してください。左右から押されてもち上がることがわかります。

①、②：**オレンジリバー（ナミビア）の褶曲した地層**
地層が曲がることを褶曲という。

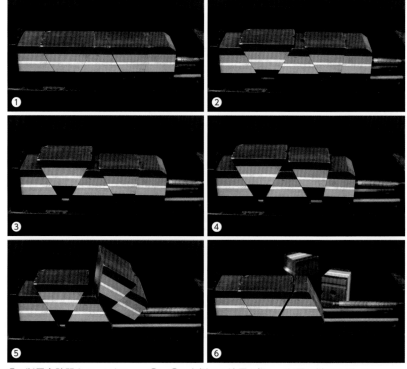

①：断層実験器をセットする。　②〜⑥：右側から地層を押し、断層の様子を調べる。
⑥のように一部分が断裂して転がることは自然界では見られない。

根尾谷断層の看板（岐阜県）
世界最大規模の断層。近くに、根尾谷地震断層観察館がある。地震は急激な変動だが、実は、ゆっくりとした地殻変動の蓄積が一気に解放されたもの。

■ 活断層のはぎ取り標本の観察

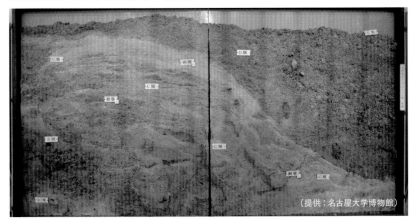

（提供：名古屋大学博物館）

①：小断層 A〜Cは大きな1つの活断層がつくった（標本の下で見えない）。

（提供：名古屋大学博物館）

②：標本①と②の間隔は数 m で、大きく褶曲している。断層 A とBは地層Dで切られているので（不整合）、地層Dは後からできた（猿投山北断層、愛知県）。

■ 失われた空白の時間を示す「不整合」のでき方

不整合は、水中で刻んだ地層という歴史を地上で失うことです。

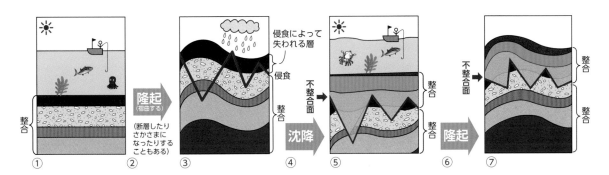

①：水底に地層ができる。　②：隆起（沈降は地層が重なるだけ）。　③：地表に現れた地層が侵食される。　④：沈降（隆起は侵食が進むだけ）。　⑤：新しい地層ができる。　⑥：隆起。　⑦：不整合面が観察できる。

はぎ取り標本のつくり方

地層に糊（凝固剤、シリコンなど）を吹き付け、布で裏打ちし、乾かしてからはぎ取る。

猿投山北断層の年代

G層	〜　　740 年前
E層	4720〜 3230 年前
D層	12620〜 8850 年前
C層	15380〜13090 年前
B層	16720〜15990 年前
A層	20500〜17600 年前

※年代は地層に含まれる有機物（炭素を含む物質）の放射性同位元素の測定による。

※断層活動は 5000 年周期。

整合と不整合

整合	・連続した地層で、連続した歴史を示す
不整合	・ある面を境に地層が不連続になっていること ・隆起・侵食→沈降・堆積を示す

生徒の感想

・大地は隆起と沈降をくり返す、と考えればよい。

第6章 大気現象

　この章は、大気と水が織りなす大気現象を調べます。大気は地球をおおう気体の層で、真空の宇宙へつながっています。その範囲は地球の引力が及ぶ上空800kmまで、このうち水が大循環を行う対流圏は地表から13kmまでです。雲が発生したり、気象が変化を起こすのは、このとても薄い対流圏です。

1 地球を包む大気

　地球の大気の歴史を振り返ると、46億年前は H_2 と He の大気でした。表面温度が低下し、火山活動によって CO_2 や NH_3 ができ、光合成で、O_2 や O_3 が増えてきたのは25億年前のことです。

■ 地球大気の垂直構造

　現在の大気は4つの層（圏）に分けられます。温度を基準に分類しますが、高度が上がるほど気温が高くなる圏もあります。

宇宙から見た地球
宇宙から見た地球は、青い海（液体の水）と白い雲（空に浮かぶ液体または固体の水）に包まれている。

大気の鉛直構造

熱圏	・高くなると気温が上がり、2000℃に達する
中間圏	・高くなると気温が下がる
成層圏	・高くなると気温が上がる ・オゾン層が含まれる
対流圏	・大気の99％ ・雲ができる部分 ・大量の水蒸気を含み、多様な大気現象を起こす ・高くなると気温が下がる ・低緯度は16km（−80℃） ・高緯度は8km（−50℃）

※国際宇宙連盟（FAI）は高度100km（カーマン・ライン）から宇宙としている。

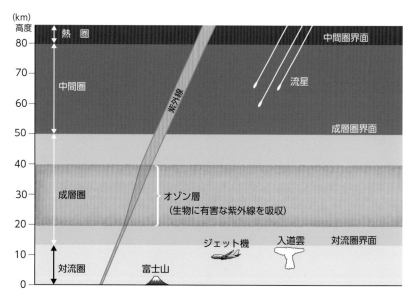

※地球大気は一定ではなく、刻々と変化（地球誕生からは進化）している。現在は、人類の活動で破壊されたオゾン層は回復してきているが、二酸化炭素量は増加している。
※熱圏は高度約800kmまであり、その先に続く外気圏も大気に含めることもある。

■ 熱圏にできるオーロラの観測

　オーロラは、水が関係しない熱圏（電離層）での大気現象で、発生する季節や場所は決まっています。とくに、太陽の黒点が多数見られる時期の極地の夜は、ほぼ毎日観測できます。

色とりどりのオーロラ　原因は太陽風（コロナが出す微粒子 p.20）。赤色は窒素、緑色は酸素が関係する。大規模停電や通信障害の原因となることもある。

大気（地表付近）の組成
大気中の水蒸気量は条件によって大きく変わる（1%〜2.8%）。

アルゴン 1%　その他（二酸化炭素0.04%）
酸素 21%
窒素 78%

┌─────────────┐
│　生徒の感想　│
└─────────────┘

- 動くオーロラの映像は、色や形がとても速く変化するので人工的なものだと思っていたら、自然に起きている現象だと知って、とにかく自分の目で見たくなった。
- オーロラによる停電などの原因は物理で学んだ電磁誘導でできた電流。

■ 地表から対流圏までにある水

　水は3つの状態に変化します。固体（氷や雪）、液体（雨や海水）、気体（水蒸気）です。雲は目に見える状態なので液体か固体。気体ではありません。状態変化が起こるエネルギー源は太陽です。

飛行機から見た雲と海、そして、大気　雲は太陽光線を散乱（乱反射）して白く見える。右下の黒い模様は雲の影。また、上空が暗いのは太陽光線を散乱・反射させる大気が少ないから。地球は、暗黒の宇宙の中で太陽に照らされている。

地球表面を覆う水の割合（表面積）

海	70%
陸（固体：氷や雪など）	20%
陸（液体：川や湖など）	10%

地球の水の割合（体積）

海	97%
陸	2%
地　下	1%
大気中（雲、水蒸気）	0.001%

第6章

2 太陽による大気の大循環

太陽は地球を暖めます。地表の平均気温は15℃ですが、季節、時間、場所によって暖まり方が違います。この温度差によって、大気や海水が地球規模の大循環をします。

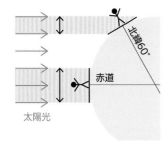

太陽で暖められる大阪湾
日中の地表や海洋は、太陽エネルギーで暖められる。そこに接する空気は暖められて上昇する。

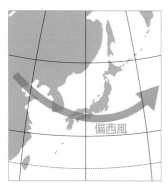

緯度による日射量の違い
春分、秋分の場合、赤道と北緯60°の日射量は2倍違う。

■ 太陽エネルギーと自転による地球規模の大循環

太陽に暖められた空気は上昇し、上昇して冷たくなった空気は下降します。もし、地球が自転していなければ、大気は単純に赤道で上昇（図1-A）、極地（北極と南極）で下降します（図1-B）。しかし、実際は自転の影響で3つに分かれて循環します（図2）。

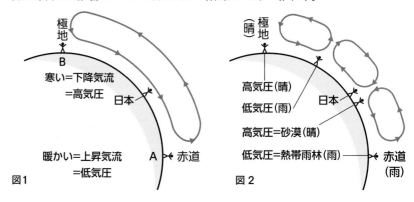

図1　図2

■ 大気の大循環、365日偏西風が吹く日本

日本の天気は1年中、西から東へ変わります。これは日本上空を吹く偏西風の影響ですが、地表の風は季節で変わります。

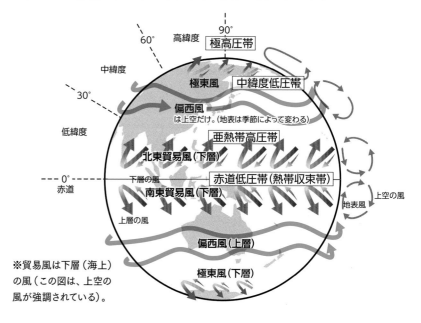

365日吹く偏西風、ジェット気流
自分で調べる場合は、気象庁の高層天気図300hPaをインターネットで検索するとよい。

中緯度帯（日本）の風

上空の風（偏西風）	・蛇行しながら地球を一周するように吹く ・上空ほど速く、対流圏界面で最大（ジェット気流、100m/秒）
地表の風	・季節によって変わる

※貿易風は下層（海上）の風（この図は、上空の風が強調されている）。

■ 水の大循環

大気中の水（水蒸気、雲）は、地球全体のわずか0.001%で、99.999%は地上と地下にあります。地上の水は、太陽エネルギーで大気へ移動し、雲として地表へ戻ります。毎日、大量の水が循環しています。下図は0.001%の水の大循環です。

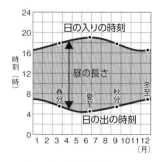

日照時間の年変化（東京）
日射量（p.49）は、日照時間と太陽の南中高度による。

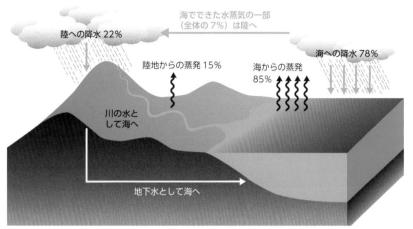

地表と大気を循環する水（気象に直接関わる水0.001%を100%とする）
※地球における海水の割合（98%）については p.125 欄外

■ 風との摩擦による海洋の大循環

海流は、海上を吹く風と水面の摩擦でつくられます。海流は水温によって暖流と寒流に分けられ、赤道付近で暖かい水、極地で冷たい水になります。水は比熱が大きく、気象に影響を与えます。日本南岸を流れる黒潮は、世界最大のエネルギー源の1つで、北赤道海流から続いています。その蛇行の分析は、気象予測に重要です。

日本付近の海流
日本は暖流と寒流がぶつかる複雑な海域。黒潮は幅100km、深さ1000km、時速9kmの暖流。

黒潮の影響
(1) 台風の発生、発達
(2) 湿潤な気候
(3) 海面上昇の要因
(4) 漁場資源
(5) 船の航路

生徒の感想

・ 社会科で親潮と黒潮を習ったよ。親潮は北からで、ぶつかったところで魚がたくさんとれる。

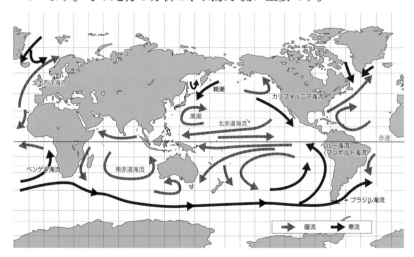

※上図は表層海流で、深層海流（ゆっくりした循環）は示されていない。
※月の引力による潮汐流（p.57）を海流に入れることもある。

第6章

3 大気圧を感じる実験

日常生活で大気を意識することはありませんが、私たちは厚さ13kmの大気の底の中で生活しています。次の2つの実験で、大気の圧力（気圧）を実感しましょう。

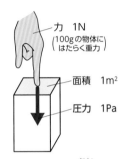

力　1N
（100gの物体にはたらく重力）

面積　1m²

圧力　1Pa

圧力、大気圧（単位はPa）

1Pa = 1N/m²（1N ÷ 1m²）。これは、1m²にはたらく力の大きさ N。単位は科学者パスカルの名前による。

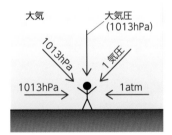

大気　　　　大気圧
　　　　　　（1013hPa）

1013hPa　　1気圧

1013hPa　　　　1atm

標準気圧（1気圧、1013hPa）

1気圧は101 300Pa（h は100倍）。1m²あたり10t、1cm²あたり1kgになる。これは高さ10mの水柱を支えたり、水を10m吸い上げたりできる圧力。1atm とも。

■ 紙片1枚で水を入れた三角フラスコを逆さにする実験

成功させるポイントは、フラスコの口と紙を密着させることです。家庭で実験するときは、口がつるつるの器と紙を探してください。紙は小さいほど湿ったときの変形に対応できます。

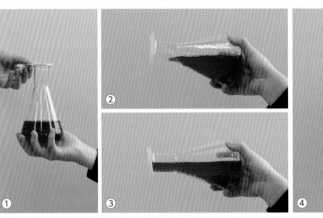

①：水（写真は見やすいように赤に着色）を半分入れ、小さな紙片でふたをする。紙片は滑り落ちないように水で湿らせる。　②：静かにフラスコを逆さまにする。　③、④：真横でも真下でも、斜めにしても水はこぼれない。ゆっくり真下にしてもこぼれない。

■ アルミ缶の中を真空にして確かめる方法

もう1つの実験は大きな音で迫力満点です。原理は、水と水蒸気の体積が約1700倍違うことです。水蒸気で満たした空き缶を冷やすと、体積が1/1700になることから内部圧力がほぼ0になり、普段気づかない大気の圧力によって缶が潰されます。

①：アルミ缶に水10mLを入れ、加熱する。　②：水が沸騰したら火を止め、栓をする。
③：しばらくすると、大気圧によって缶が潰れる。

■ 水がこぼれない理由

　紙片1枚で水がこぼれない理由は2つです。1つは水圧と比べて大気圧が大きいこと、もう1つは大気圧がすべての方向からはたらいていることです。理論的には、高さ10mのコップでもできます。また、空っぽに見えるコップの中にも、空気がぎっしり入っています。

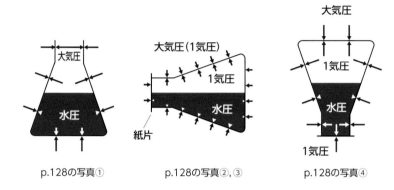

p.128の写真①　　　　p.128の写真②、③　　　　p.128の写真④

①：矢印の長さ＝圧力の大きさ。　②：写真①と比べて矢印が短いのは、紙片にかかる圧力を示すためで、大気圧のはたらきは写真①と同じ。　③：写真①②と同じ、と考えられる。
※水圧は水の深さに比例し、水面では0。
※水を半分入れて逆さまにしても、1気圧の空気が入っている。

■ 発泡スチロールの容器を加圧する実験

　大気と水は形がないので、それらの中では全方向から圧力がはたらきます。それらの大きさを調べると「1気圧＝水深10mの水圧」で、私たちは水深10mで生活しているのと同じです。この水圧は水深10mにつき1気圧ずつ増えます。下の写真は、発泡スチロールの容器を650気圧まで加圧する実験装置とその結果です。

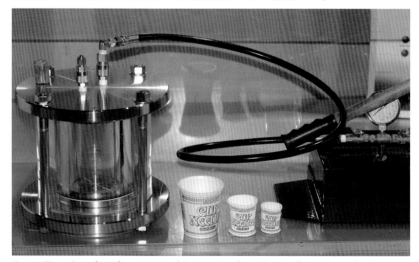

左から順に1気圧（原型）、100気圧（水深1000m）、650気圧（水深6500m）の圧力を加えたもの。四方八方から押されるので、全体が同じように縮む。
※水深10mの圧力は、大気圧（1気圧）に1気圧を加えた2気圧。

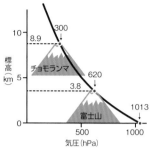

標高と気圧の変化
気圧は標高（大気の厚さ）に比例する。宇宙0、チョモランマ山頂300hPa、地表1013hPa。平地と標高が高い場所と比較するには10mにつき約1.2hPa加える（海面更正）。

標高2385mで膨れた密閉包装
山の頂上は気圧が低い。低圧力の場所では、お菓子やカップ麺の内部圧力が相対的に高くなる。

ダイビング
体は水による水圧で押されている。水圧、大気圧の詳細はシリーズ書籍『中学理科の物理学』。

生徒の感想

・バスタブの中で深呼吸すると苦しいのは、水の圧力で肺が押されているからです。試してみて！

4 高気圧から低気圧へ吹く風

自然にある大気の厚さはいろいろです。厚いところを高気圧、薄いところを低気圧といいます。気圧の差によって風ができますが、地表と上空で逆向きに吹くこともあります。

水の流れ
水と空気は、同じように高いところから低いところへ流れる。

地表と上空の違い
ふだん目にする天気図は地表のもの。標高500m、1000mの気温や気圧はかなり違う。気象は立体的に考える。

等圧線のポイント
(1) 4hPaごとに書く (太線20hPa)
(2) 必要なら、2hPaごとに破線
(3) 輪になる
(4) 間隔が狭いほど強い風
(5) 風向は等圧線に対して傾く(p.131)
※山間部の気圧は海面更正する

■ 水と同じように吹く風

大気は水と同じように、高いところから低いところへ流れます。高気圧を上から見て、それがつぶれるように四方八方へ吹き出す様子をイメージしてみましょう。それが地表の風です。

高気圧は、まわりに大気を吹き出す

地表の風

低気圧には、まわりから大気が吹き込む

■ 大気の厚さを示す断面図を等圧線から書こう

社会科で、等高線の地図から山の断面図を書いたことはありますか。これと同じように、大気の等圧線の図(平面図)から、2つの地点(A,B)を結ぶ直線で切った「大気の断面図」を求めてみましょう。

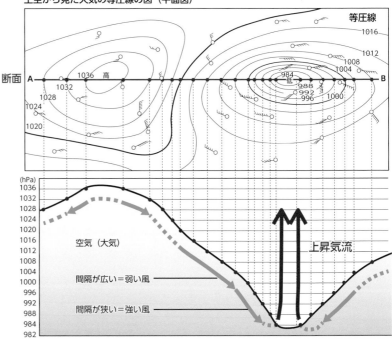

上空から見た大気の等圧線の図 (平面図)

大気の断面図 (地点AB間)

※頭上にたくさんの大気がある場所を高気圧、少ない場所を低気圧という。

真名川ダムの噴水 (福井県)
ダムは人工的だが、高低差ができれば自然に水や風が吹き出す。

生徒の感想
・空気だとむずかしいけれど、水と同じだと考えれば簡単だ。
・等圧線は地図の等高線みたい!
・よく見る天気図は平面図。

■ 地表と上空の風の断面図

　p.125 からここまでをまとめると、次の図のようになります。ポイントは、地表の風と上空の風の向きが逆になることです。p.126 の大気の大循環も同じです。

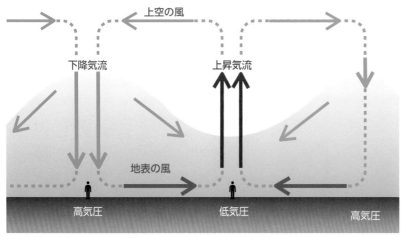

アネロイド気圧計
中に容器があり、その凹み具合を数値にする。ただし、高気圧か低気圧かは標準気圧 1013hPa ではなく、周囲との関係で決まる。

※低気圧の中心に集まった空気は上昇気流となり、雲を発生させる（p.132）。

■ 地表の風は地球の自転（コリオリの力）で渦を巻く

　地表の風は、台風が渦を巻くように吹きます。この原因は地球の自転で、その力を発見者の名前にちなんで「コリオリの力」といいます。これを説明する頭の中の実験（思考実験）をしてみましょう。

台風がつくる雲の渦
低気圧の風の吹き方は、台風の渦でイメージをつくる。南半球は逆向き。

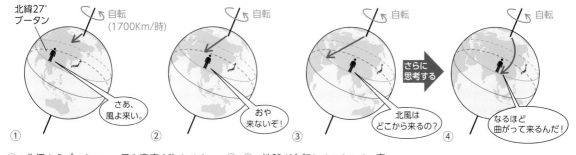

①：北極からブータンへ、風を真っ直ぐ吹かせる。　②、③：地球が自転しているので、真っ直ぐにならない（①〜③は違う）。　④：北風は、右回りの卍型（逆卍型）に吹き込む。

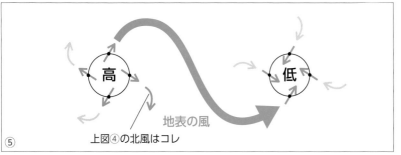

⑤：北半球の地表の風。なお、p.126 の大循環もコリオリの力に関係する。

北半球と南半球の地表の風

	高気圧 吹き出す	低気圧 吹き込む
北半球 右回り 逆卍型	高	低
南半球 左回り 卍型	高	低

※北半球と南半球は回転方向が逆。

5 低気圧にして雲を作る実験

ペットボトルロケットで雲を作ろう
YouTube チャンネル
『中学理科の Mr.Taka』

飛行機雲と凝結核（エアロゾル）
飛行機雲は、排気ガスを核（凝結核）
として水蒸気が凝結し、空中で液体の
水になったもの。

雲を発生させる実験装置（温度計付）
直径 10cm のアクリル容器内に雲を作
る装置。温度変化は 0.2℃〜 0.4℃。
※ペットボトルロケットはさらに大きく
温度が変化する。

断熱膨張
周りから熱の出入りがない（断熱）状態
で空気を膨張させることを断熱膨張と
いう。実際は、上昇すれば気圧が下が
るので、自然に膨張する。

　雲は空気中に浮かぶ小さな水滴や氷で、人工的に作ることができます。材料は雲ができるきっかけになる小さな粒と水です。それらをいっぱい含む空気を冷やせば、雲ができます。冷やし方として、この実験では空気を膨張させる（低気圧にする）方法を使います。

■ ペットボトルロケット実験装置で雲を作る実験

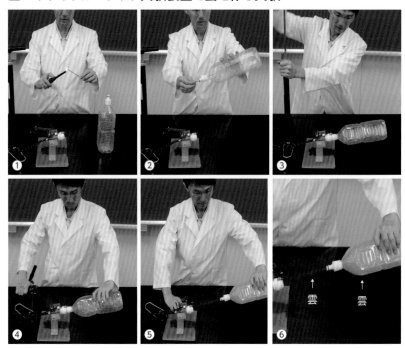

①、②：ペットボトルに少量の水（ボトル洗浄後の残りの水で十分）と線香の煙を入れる。
③：発射台にセットし、空気を加える。　④：ほどほどに加圧したらボトルを外す。
⑤、⑥：吹き出す雲やボトル内の雲を観察する。

■ 実験の結果と考察「空気の膨張→雲の発生」

　この実験から、雲ができる条件は凝結核（線香の煙などの微粒子）と空気の膨張であることがわかります。上の実験ではわかりませんが、欄外の装置を使うと空気の膨張で温度が下がることがわかります。

　次に、気温が下がる2つの原因をまとめます。

> （1）空気の膨脹（欄外装置は 0.2 〜 0.4℃低下）
> （2）空気の上昇、登山（100m 毎に 0.6℃低下 p.140）

　（1）と（2）は低気圧の中心で見られる現象です。つまり、空気が周囲から吹き込むことで上昇気流が発生、上昇→気圧低下＝空気の膨張→温度低下で雲ができます。0℃以下で氷の雲になります。

■ 雲から雨や雪が降るしくみ

　空気が冷えると、見えない水蒸気が見える水滴になります。これが浮かんだり漂（ただよ）ったりしている雲です。上昇気流が弱くなったり粒が大きくなったりすると、雨、雪、氷などとして地上に落ちてきます。これを降水といいます。

雲ができる温度＝露点
雲ができる温度を露点という。露点は、空気に含まれる水蒸気量によって変わる (p.134)。

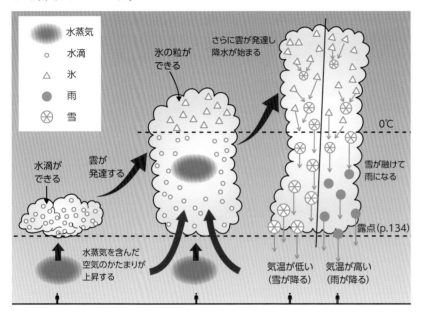

（凡例）
- ▨ 水蒸気
- ○ 水滴
- △ 氷
- ● 雨
- ✴ 雪

氷の粒ができる

さらに雲が発達し降水が始まる

0℃

水滴ができる

雲が発達する

雪が融けて雨になる

露点(p.134)

水滴ができる

水蒸気を含んだ空気のかたまりが上昇する

気温が低い（雪が降る）　気温が高い（雨が降る）

山の斜面による上昇気流
雲は上昇気流によってできる。上の写真では、右からの強風で空気が上昇させられることで温度が下がり、雲ができる。

■ 上昇気流が発生する5つの原因

　上昇気流ができる原因は、低気圧の中心に空気が流れ込むことの他に、山の斜面に風が当たる、暖かい空気が流れ込む、太陽や地面で暖められる、暖気と寒気が衝突する（p.142）などがあります。

ストーブが発生する熱
暖められた空気は密度が小さくなり、上昇する。冷たい空気はその逆。実験するときは、実験装置（割りばしに薄い布を固定したもの）が燃えないように注意すること。

冬に観測した上昇気流　上昇気流は冬でもさまざまな原因で発生する。垂直に伸びる雲を見つけたら、しばらく観察するとよい。この写真2枚の間隔は5分。

〔生徒の感想〕
- ・ペットボトルの実験では、雲に触れたので感動でした。
- ・何度もくり返すと、雲ができなくなったのは、線香の煙が水に溶けたからだと思う。
- ・気圧変化は耳が痛くなるやつ！

第6章

6 露点を測定しよう

空気の温度を下げていくと、雲や露ができます。この現象を凝結(結露)、その温度を露点といいます。露は水蒸気が冷やされたもので、梅雨の季節や満員電車など湿度100%の時にできる水滴です。

準　備
● コップ(金属製のほうがよい)
● 温度計
● 氷
● セロハンテープ

車のガラス窓にできた露
露ができた付近の空気は湿度100%。

朝露を飛ばしたツユクサ
冷え込んだ朝は植物のからだに露がつく。太陽で暖められると、水滴は水蒸気になって空気中へ飛び立つ。

早朝、海上に現れた朝霧
露点に達すると朝霧(雲)ができる。朝日で暖められると消える。

いろいろな温度 (点)

融点	・氷が水になる温度 (0℃)
凝固点	・水が氷になる温度 (0℃)
沸点	・水の内部から水蒸気ができる温度 (100℃)
露点	・空気中の水蒸気が液体になる温度 (気温と水蒸気量によって変わるので、決まった温度はない)

■ 露点の測定方法

①、②、③:コップやビーカーに水と氷1個を入れ、ゆっくり混ぜる。表面に露ができ始めたら目盛りを読む。その温度が露点。断熱効果があるセロハンテープを貼り、境目に注目するとわかりやすい。　④:露ができ始めた温度 9.3℃ (左)、気温 24.0℃ (右)。

■ 露ができるモデル

露は、運動エネルギーを奪われた水分子が、目に見えるほどたくさん集合したものです。それが空に浮かんでいるものを雲といいます。

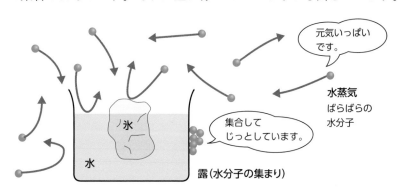

※氷は固体、コップの水と露は液体、水蒸気は気体の水。どれも同じ水分子なので、コップ内の氷と水も同じ粒●で表現できる(詳細はシリーズ書籍『中学理科の化学』)。

■ ドライアイスで雪を作ろう！

　雪は、上空から落ちてくる水の結晶（固体）です。冬の寒い日、コップにドライアイスを入れて観察、実験してみましょう。周囲が0℃以下になれば、固体の氷や雪ができるはずです。

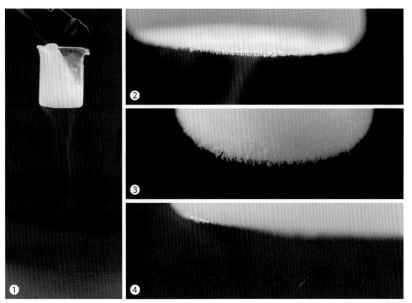

①：ビーカーにドライアイスを入れ、底を観察する。横から光を当てると見やすい。
②〜④：条件が良いと、底から雪が降る。写真④は露光時間0.2秒で撮影した雪。落下する速度は速いが、肉眼で観察するなら十分にわかる。

■ 露点と気温から、湿度を求める方法

　練習問題です。下表「気温と飽和水蒸気量」を使って気温20℃、露点10℃のときの湿度を求めましょう。飽和は100%の意味です。さて、表の気温20℃の飽和水蒸気量は17.3gですが、現在は露点10℃の9.4gしかありません。したがって、現在の湿度は9.4gと17.3gを使って計算します。

表：気温と飽和水蒸気量（2つの関係のグラフ：飽和水蒸気量曲線 p.136）

気　温（℃）	−15	−10	−5	0	5	10	15	20	25	30	35	40	45
飽和水蒸気量（g）	1.6	2.3	3.4	4.8	6.8	9.4	12.8	17.3	23.1	30.4	39.6	51.0	65,3
露　点（℃）	—	—	—	—	—	10	—	—	—	—	—	—	—

※飽和水蒸気量は気温だけで決まるが、露点は気温と湿度によって決まる。

$$\begin{aligned}\textbf{現在の湿度} &= 現在の水蒸気量 \div 100\%の水蒸気量\\ &=\quad 9.4g \qquad\qquad \div\ 17.3g\\ &=\quad 0.54 \quad（質量の単位gは、g\div gで消える）\\ &=\quad \underline{54\%} \quad（\%は、ある数の桁を2つ上げる語）\end{aligned}$$

準　備

- ドライアイス
- ビーカー

⚠注意　凍傷、破裂

- ドライアイスや低温になった容器を素手で触らない（軍手着用）
- ドライアイスが入った容器を密閉しない（破裂の危険性）

「雪は天から送られた手紙である」
中谷宇吉郎（石川県出身）の言葉。雪の結晶の研究を行い、その形が気温と湿度で決まることを示した。

霧氷（樹氷）
−5℃以下で、水蒸気や霧が樹木に付着し結晶化したもの。

第6章

🌱 生徒の感想

- 雨が降っても、気温が変わらなければ露点は変わらない。
- 露をとる場合は、拭き取るより暖めるほうが効果的です。
- 雪は息を殺して見ないととける。

7 気温と飽和水蒸気量

飽和水蒸気量は気温によって変わります。気温の高い日は高く、低い日は小さくなります。また、高温のサウナ室は大量の水蒸気を含みますが、寒い部屋はわずかな水蒸気で限界（飽和、湿度100％の空気）になります。

■ 水蒸気として飛び回れる最大の量＝飽和水蒸気量

飽和水蒸気量は、同じ体積（1㎥）で比較する必要があります。下図は中央の飽和状態の空気（20℃、水蒸気量17.3g）を冷却・加熱したものです。飛び回る水蒸気、容器に付着した露に注目しましょう。

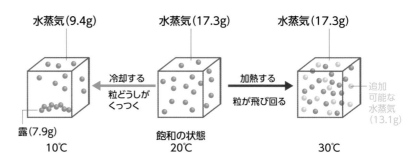

※湿度100％の日は、気温＝露点。
※露点は測定日の気温と関係ない（水蒸気の量は変わらない）。

■ 飽和水蒸気量曲線の読み取り方（湿度の求め方）

気温と飽和水蒸気量の関係は、下のグラフのような曲線になります。数値はp.135の表と同じです。上の模式図と見比べながら、気温、露点、湿度、露になる水の量（g）の復習をして、欄外の計算練習に挑戦しましょう。

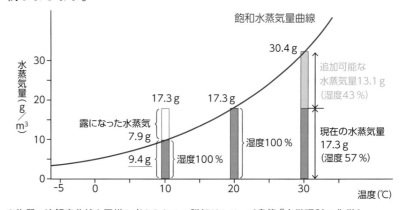

※物質の溶解度曲線も同様に考えられる。詳細はシリーズ書籍『中学理科の化学』。

飽和水蒸気量（単位：g）

空気1m³に存在できる水蒸気の質量（g）。体積（部屋の大きさ）が大きくなれば、量も大きくなるので、基準になる体積（m³）を確認すること。

冷凍庫の中の水蒸気と霜

0℃で4.8g、－5℃で3.4gの水蒸気を含むことができる。それ以上は、霜（固体）として庫内に付着する。

湿度のあとにつける ％（パーセント）

％は、全体を100としたときの割合を表す。ある数を1/100にする接尾語（単位ではない）。％に湿度や濃度の意味はなく、消費税率や成功率のあとにもつける。百分率を表す。

数 量	％をつけた数量
32	3200％
1	100％
0.5	50％
0.12	12％

次の湿度を計算せよ

気温10℃、湿度50％の部屋を30℃に暖めた場合、湿度は何％になる？

初めに、現在の水蒸気量を求める。
① グラフの10℃を読む。 → 9.4g
② それを50％にする。

9.4g×50％＝4.7g

次に、暖めた場合の湿度を求める。
③ グラフの30℃を読む。 → 30.4g
④ 湿度は、②と③の割合なので、

湿度＝②÷③

＝4.7g÷30.4g

＝0.154

＝15％

■ ゴム風船を水蒸気で膨らまそう!

　水を入れた三角フラスコを加熱し、水分子の運動を感じましょう。絵を描いた風船をつけると、熱エネルギーで暴れ出す水分子、冷やされておとなしくなる水分子を体感できます。

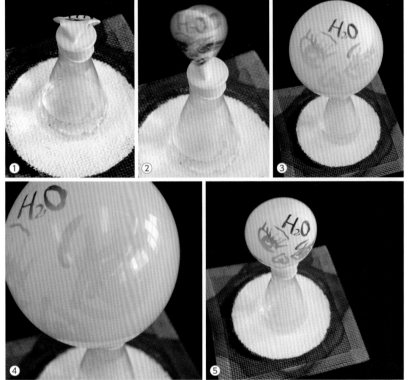

①:三角フラスコに少量の水を入れ、文字や絵を描いたゴム風船をセットする。　②、③:加熱し、風船が膨らむのを待つ。　④、⑤:十分に膨らんだら加熱を止める。

■ 風船が膨らむときの模式図

　この実験の水分子の数は変化しません。しかし、加熱された水分子は大きな運動エネルギーをもつ気体になり、風船の内側を押すようになります。体積は約 1700 倍大きくなります。

風船
風船の内側にある水分子が、外側の大気を押すことによって風船が膨らむ。

水分子(気体)
水分子(液体)

※気体は、分子1粒ずつが独立して飛び回っている状態。

準　備

- 三角フラスコ
- ゴム風船
- 水、加熱器具

⚠注意　火傷、破裂

- 風船であっても、密閉したものの加熱は危険。風船が割れるまで加熱してはいけない。

日の出とともに消えゆく朝霧
畑や路面の水蒸気でできた白く煙る霧は、朝日を浴び、その熱エネルギーによって消える(大気中の水蒸気に変わる)。

生徒の感想

- 閉め切った部屋で暖房をつけると乾燥する理由がわかりました。とくに寒い部屋だった場合は乾燥する。
- 空気を暖めると、飽和水蒸気量が大きくなる→　湿度が下がる
- 空気を冷やすと、飽和水蒸気量が小さくなる→　湿度が上がる

第6章

137

8 手作り湿度計で測定しよう

温度計があれば、自宅でもできる実験です。水の蒸発熱から、空気の湿度を求めます。温度計2本を用意し、1本はそのまま（乾球とする）、もう1本は水で濡らしたガーゼを巻いたもの（湿球とする）で測ります。1本で行う場合は、湿球を作ってください。

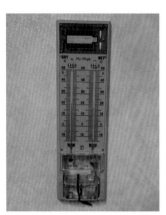

オーガスト乾湿計

蒸発熱を利用したオーガスト乾湿計は、精度の高い値を求めることができる。2本の温度計の間には、湿度を求める換算表がある（p.139の表と同じ）。

実験のワンポイント

• 温度計は、50℃までのものが目盛りの間隔が広くて正確に測定できる。
• どれだけ濡らしても、下がる温度は変わらない。
• 湿球はガーゼを1重に巻いて、常に弱い風を当てるべきだが、この実験レベルでは気にしなくてよい。ただし、水が凍結した場合は測定できない。

生徒の感想

• 雨の日の湿度は高く、晴れの日は低かった。
• 雨の日の湿球は、気温と同じだった。
• 廊下の窓を開けたら、気温が一気に下がった。さっきの授業中に窓ガラスがくもっていた。

■ 乾湿計を作る手順

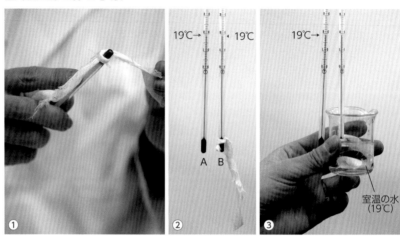

①：温度計2本のうち、1本にガーゼを巻く（短時間ならティッシュペーパーで良い）。
②：そのままの温度計をA（乾球）、ガーゼを巻いたものをB（湿球）として設置する。
③：湿球を濡らし、変化がなくなるまで放置する。

■ 測定結果から湿度を求める方法

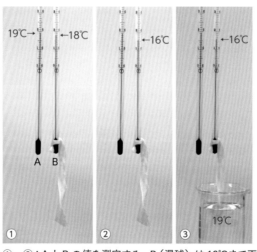
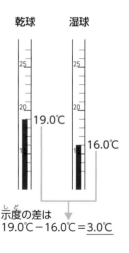

示度の差は
19.0℃－16.0℃＝3.0℃

①～②：AとBの値を測定する。B（湿球）は16℃まで下がったところで変わらなくなった（①は設置直後なので18℃を示している）。　③：ビーカーに水を入れて設置しておけば、連続して観測することができる。ビーカー内の水温と乾球の温度（気温）は同じになる。
乾球：19℃（気温）。湿球：16℃　→　乾球と湿球の差：3℃
p.139の乾湿計用温度表より、測定したときの湿度は、72％。

■ 蒸発熱の考え方

髪を洗ったままにしておくと、頭が冷えて風邪(かぜ)をひいてしまいそうになることがありますね。これは水が蒸発するときに皮膚から熱エネルギー（蒸発熱）を奪うからです。水が冷たいから、ではありません。

※ドライヤーで熱を与えると、水分子はより速く蒸発する。

打ち水で冷んやり
太陽で焼けた路面に水をまくと、蒸発熱（気化熱）で温度が下がる。水1gにつき熱量580cal（0.58kcal）。

■ 蒸発する速さは、湿度に左右される

蒸発する速さは、湿度と関係しています。乾燥していれば速く、湿っていれば遅くなります。湿度100%なら水蒸気になれず、温度計から熱を奪うことはできません。熱を奪って飛び立つ水分子をイメージしましょう。

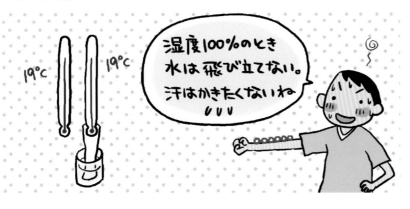

サウナの湿度を調べよう！
サウナにはいろいろな種類がある。湿度100%のサウナの場合、汗は蒸発しないので玉の汗をかく。湿度が低いサウナは汗が出ていないように見えるが、体内から出た水分子はすぐに空気中へ飛び出すので、むしろ、湿度の高いサウナより水分を失う。サウナの後は水分をたっぷり補うこと。

■ 乾湿計用湿度表（2つの温度計の差から、湿度を求める表）

乾球 （気温）	乾球と湿球の差（℃）								
	0	0.5	1	1.5	2	2.5	3	3.5	4
22℃	100	95	91	87	82	78	74	70	66
21℃	100	95	91	86	82	77	73	69	65
20℃	100	95	91	86	81	77	72	98	64
19℃	100	95	90	85	81	76	72	67	63
18℃	100	95	90	85	80	75	71	66	62
17℃	100	95	90	85	80	75	70	65	61
16℃	100	95	89	84	79	74	69	64	59
15℃	100	94	89	84	78	73	68	63	58

温度や気温の単位

摂氏(せっし) ℃	・水が凍る温度を0℃、沸騰する温度を100℃とする。 ・単位℃（セルシウス度）。
華氏(かし) ℉	・水が凍る温度を32℉、沸騰する温度を212℉とする。 ・単位 ℉のFは提案者ファーレンハイトの頭文字。

※華氏＝摂氏×1.8＋32
※絶対温度は p.17

9 雲10種類の観察

雲は、地表から13kmまでの対流圏に浮かぶ水の粒（液体、固体）です。上空ほど低温になり、0℃以下で氷になります。粒が大きくなると、地球の重力によって落下する雨や雪になります。

■ 対流圏にできる雲10種類（十種雲形）

雲は形で分類することができます。1つは横に広がった層状雲（8種類）、もう1つは縦に発達した対流雲（2種類）です。下表の名前は、雲ができる高さ、雨を降らせるかどうかも示しています。

層状雲 水平方向（横）に広がる	対流雲 垂直方向（縦）に発達する
①巻 雲（すじぐも）	⑨積乱雲（入道雲、かみなりぐも）
②巻積雲（うろこぐも）	⑩積 雲（わたぐも）
③巻層雲（うすぐも）	**名前の規則**
④高積雲（ひつじぐも）	
⑤高層雲（おぼろぐも）	
⑥乱層雲（あまぐも）	
⑦層積雲（うねぐも）	
⑧層 雲（きりぐも）	

名前の規則

高さ	巻	上層（5〜13km）、氷晶
	高	中層（2〜7km）、水滴
	積	垂直方向（縦）、不安定
	層	水平方向（横）、安定
	乱	雨を降らせる

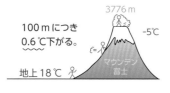

標高による気温の低下（対流圏）

標高100m毎に、0.6℃下がる。地表で18℃なら、標高1000mは12℃、富士山山頂（3776m）は−5℃。

雲の温度
- 雲の温度は気温と同じ
- 最低温度の雲は−50℃〜−80℃

100mにつき0.6℃下がる。
3776m
-5℃
地上18℃
マウンデン富士

生徒の感想
- 雲に乗って旅がしたい。
- 秋の雲が高くて、きらきら光っている原因がわかった。氷の結晶が浮かぶロマンチック。

km 12
9
6
3
0

①巻雲（けんうん）
②巻積雲（けんせきうん）
③巻層雲（けんそううん）（①〜③は氷の雲）
④高積雲（こうせきうん）
⑤高層雲（こうそううん）
⑥乱層雲（らんそううん）
⑦層積雲（そうせきうん）
⑧層雲（そううん）
⑨積乱雲（せきらんうん）
⑩積雲（せきうん）

チョモランマ エベレスト山 標高8848m
富士山（標高3776m）

■ 層状雲8種の観察

①巻雲 糸状のものは、落下しながらできた氷晶。

②巻積雲 小さなかたまりが同じ高さに並ぶ（氷）。

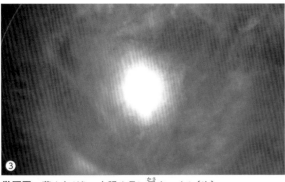

巻層雲　薄く広がり、太陽や月に暈をつくる（氷）。

高積雲　小さなかたまりが同じ高さに並ぶ（中層）。

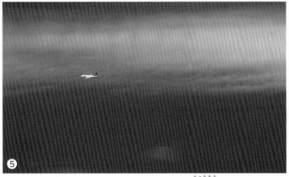

高層雲　空全体をおおう、もやっとした雲（中層）。

乱層雲　雨を降らせる雲（水）。形や天気が短時間で変わる。

層積雲　白または灰色の、いわゆる下層の雲。

層雲　低い高度を漂よう細かな水滴。地表に達すると霧。

■ 対流雲2種類の観察

積乱雲　激しい雷雨をともなう雨を降らせる。

積雲　ふわふわの白い雲。くっつくこともある。

10 寒気と暖気の衝突

空気は同じところでじっとしていると、特別な性質をもつ空気の集まり「気団」になります。気団は、温度によって寒気と暖気の2つに分けられ、それらが接する前線面は天気が大きく変化します。

準　備

- 衝突実験器
- 温水と冷水、絵の具

寒気と暖気がつくる4つの前線

寒冷前線	・寒気が進む
温暖前線	・暖気が進む
閉塞前線 p.144	・低気圧の寒冷前線が温暖前線に追いついたもの
停滞前線 p.146	・寒気と暖気が押し合っているもの

※気団は密度が違うので、簡単に混ざらない。

竜巻の実験 (名古屋地方気象台)

竜巻 (トルネード) は、積乱雲にできる激しい局所的な上昇気流。高速の渦を巻く。台風とは違う。竜巻の大まかな風速は、研究者・藤田哲也にちなんだF (藤田スケール) で表わす。

生徒の感想

- 赤色より青色の勢いがスゴかった。
- 壁にぶつかってからの動きが面白かった。

■ 冷水と温水を衝突させる実験

寒気と暖気を衝突させてみましょう。ただし、空気は観察しにくいので、着色した冷水と温水を使います。

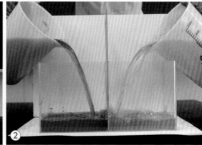

①、②：冷水 (青) と温水 (赤) を、中央にしきりがある透明容器の中に入れる (温度差は2～3℃程度。温度差が大きいと動きが速くて衝突の様子がわかりにくい)。

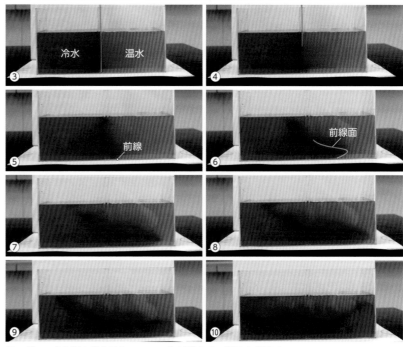

③～⑩：しきり板を抜き取り、2つの水が衝突する様子を観察する。

■ 結果とまとめ：前線面と前線

寒気は下へ速く、暖気は上へゆっくり動きます。2つ接する前線面、それが地面と接する前線を立体的に観察・理解しましょう。

11 寒冷前線と温暖前線

　10 種類の雲のうち、7 種類（欄外〈らんがい〉）は寒気と暖気が接する前線面に沿ってできます。共通する特徴は、上昇気流によってできること、寒い場所に雨を降らせることです。

■ 寒冷前線と積乱雲 (入道雲〈にゅうどうぐも〉、雷雲〈かみなりぐも〉)

　寒冷前線は、寒気（冷たい空気）が進むときにできる前線です。密度が大きく、下へもぐりこむように力強く速く進みます。前線面は急角度で、垂直に発達した積乱雲が激しい雨を降らせます。

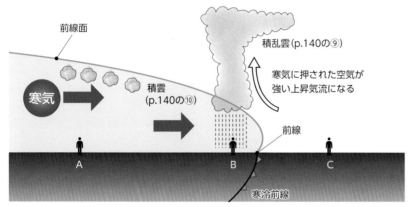

前線面

積乱雲(p.140の⑨)

寒気に押された空気が強い上昇気流になる

寒気

積雲(p.140の⑩)

前線

A　B　C

寒冷前線

※ A 地点は晴れ（寒い）、B 地点は雷や土砂降りの雨（寒い）、C 地点は晴れ（暖かい）。
※暖気にできる上昇気流は、寒気が押した結果としてできたもの。

■ 温暖前線と6つの雲

　温暖前線は、暖気が進むときにできる前線です。密度が小さく上に浮くので、なかなか前進できません。なだらかな前線面に沿ってできる層状の雲が、広い範囲にわたって弱い雨を降らせます。

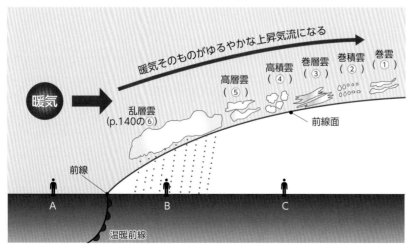

暖気そのものがゆるやかな上昇気流になる

暖気

高積雲（④）　巻層雲（③）　巻積雲（②）　巻雲（①）

高層雲（⑤）

乱層雲(p.140の⑥)

前線面

前線

A　B　C

温暖前線

※ A 地点は晴れ（暖かい）、B 地点は穏やかな雨（寒い）、C 地点は曇り（寒い）。

2つの前線がつくる雲

寒冷前線	・積乱雲
温暖前線	・巻雲、巻積雲、巻層雲 高積雲、高層雲、乱層雲

体育の授業を襲う寒冷前線

運動場での活動中、強い風が吹き、空が急に曇ってきたら、その次の瞬間に大雨が降る。これは寒冷前線が通過したから。大雨は短時間でやむことが多い。ただし、その後の気温は一気に下がる。夏場に多い。

温暖前線による雲

上：上層、中層の雲（高層の雲ほど小さく、ゆっくり動くように見える）。
下：下層の雲（乱層雲、ちぎれ雲）

地上から観測できる雲の範囲 (時間)

巻 雲 (すじ雲)	・高く、8 時間後の雲が見える。なお、数日後に天気が崩れることが多い
乱層雲 (雨 雲)	・低く、2 時間後の雲しか見えないので、ころっと晴れることもある

12 よく見かける温帯低気圧

日本付近でよく見かける低気圧は、南西の海で生まれた温帯低気圧です。特徴は、北に寒気、南に暖気があること、低気圧の中心から温暖前線と寒冷前線が伸びていること、消滅する前に閉塞前線ができること、偏西風の影響で、西から東へ移動すること、などです。

■ 温帯低気圧の発達

初めに、気圧の高い寒気と暖気が押し合います。その境界は低気圧になりますが、その中の最も弱い部分が中心となり、コリオリの力（p.131）で回転を始めることで、寒冷前線と温暖前線ができます。

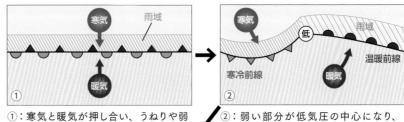

①：寒気と暖気が押し合い、うねりや弱い部分が生じる。

②：弱い部分が低気圧の中心になり、2つの前線ができて雨が降る。

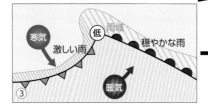 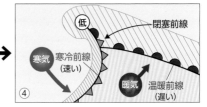

③：2つの前線が回転、2種類の雨を降らせながら進む。

④：寒冷前線が温暖前線に追いつき閉塞前線になり、低気圧の中心が消滅する。

> **生徒の感想**
> ・冷たい寒気は、北風ぴゅーぴゅー（台風の雲をイメージして反時計回り）

■ 低気圧の最後にできる閉塞前線

閉塞前線は、寒冷前線が温暖前線に追いついたときにできます。下図のように、寒冷型と温暖型があります。

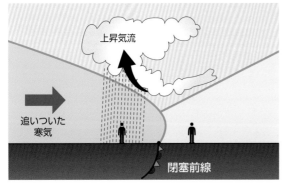

寒冷型：追いついた寒気の方が冷たい場合で、寒冷前線（p.143）と同じような天気になる。

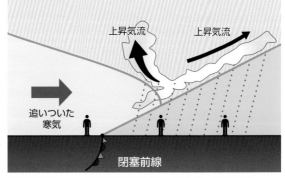

温暖型：追いついた寒気の方が暖かい場合で、温暖前線（p.143）と同じような天気になる。

■ 低気圧が近づいてきたときの天気予報

　温帯低気圧が近づいてきたときの天気予報をしてみましょう。下図を見て、雨域と雨の激しさを確認します。そして、2つの前線が進む方向から天気を予測してください。

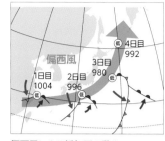

偏西風による低気圧の動き
低気圧は発達しながら、偏西風に流され西から東へ移動する。

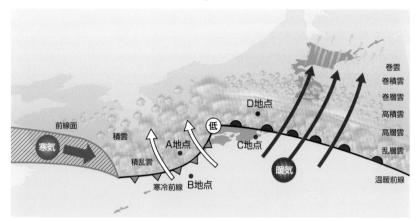

※雨は寒気がある地域に降り、暖気がある地域には降らない。

　下表は2つの前線通過に伴う地点 A ～ D の天気の変化です。

地点	現　在		近い将来の天気
A	激しい雨（積乱雲）	前線通過なし	晴（寒いまま）
B	晴	寒冷前線の通過 ⟶	**急に寒くなり、激しい雨が降る** ※北よりの風になる
C	晴	前線通過なし	晴（暖かいまま）
D	穏やかな雨（乱層雲）	温暖前線の通過 ⟶	**急に暖かくなり、晴れる** ※南よりの風になる

■ 寒冷前線が通過するときの変化

　寒冷前線が近づくと急に暗くなり、北よりの風になります。そして、土砂降りの雨が降り、気温が 2 ～ 3℃下がります。その後、わずか30分で太陽が出ることもあります。以下は筆者の体験記録です。

温暖前線による雲
前線から離れた上層に、氷でできた巻雲、巻積雲、巻層雲などができる。前線が弱ければ降水しない。

①：前方に黒い積乱雲発見。
　　※積乱雲は落雷や突風の危険性もあり要注意。
②：すぐに大粒の雨が降り出す。
③：真っ暗になる。
④：大雨で道路が冠水（かんすい）する。
⑤：30分後に寒冷前線が通過し、空が明るくなった。

13 日本の四季をつくる4つの気団

　個性的な空気のかたまりを気団といいます。日本の周りには4つの気団（高気圧）があり、それらは温度と湿度によって分類できます。

■ 日本周辺にある4つの気団

　4つの気団は、季節による太陽の照射時間や南中高度の変化で、勢いが変わります。強くなると、高気圧として特徴ある風を吹き出します。日本の四季は、これらの力関係で決まります。

気団の性質と発生する場所

気温	低い（寒気）	北半球：北
		南半球：南
	高い（暖気）	北半球：南
		南半球：北
湿度	低い（乾燥）	陸
	高い（湿潤）	海や湖

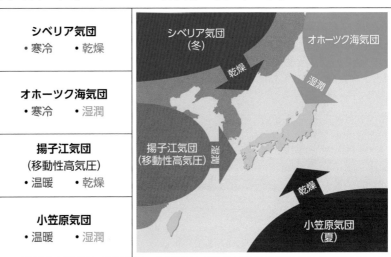

シベリア気団 ・寒冷　・乾燥	
オホーツク海気団 ・寒冷　・湿潤	
揚子江気団 （移動性高気圧） ・温暖　・乾燥	
小笠原気団 ・温暖　・湿潤	

冬の北海道
冬は高気圧が西、低気圧が東にある「西高東低」の気圧配置。日本の大部分がシベリア気団におおわれる。

■ 停滞前線（春雨前線、梅雨前線、秋雨前線）

　停滞前線は、季節の変わり目（春と秋）にできます。寒気と暖気が押しあい、長い期間にわたって断続的に雨を降らせます。どちらか一方が優勢になると次の季節（夏か冬）になり、天気が安定します。

夏のサイパン上空（日本の南）
夏は「南高北低」の気圧配置。暖かい小笠原気団が日本をおおう。

停滞前線の名前のまとめ

春	・春雨前線、梅雨前線
秋	・秋雨前線

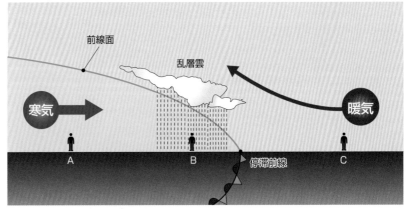

※上図はB地点に雨が降っている。
※停滞前線は、温帯低気圧にできる3つの前線（寒冷前線、温暖前線、閉塞前線）と本質的に違う。寒気と暖気がつくる4つの前線は p.142 欄外。

生徒の感想

・私は本の読める梅雨が好き。
・花粉症だから春は好きじゃない。暑い夏がいい。

■ 4つの気団の関係からみた日本の四季

季節	気　団	特　徴
冬	シベリア気団だけ →　南高北低	・シベリア気団（高気圧）におおわれ寒くて乾燥 ・シベリア気団が例年より強いと寒冬、逆は暖冬
春	揚子江気団の登場 （移動性高気圧）	・偏西風が強く、4〜7日周期で大陸性気団が来る（春風）。次の気団との間は低気圧となり、不安定
梅雨	小笠原気団　vs オホーツク海気団	・2つの湿潤な気団がぶつかり合い、長雨を降らせる ・暖かい南の小笠原気団が勝つと夏になる
夏	小笠原気団だけ →　西高東低	・小笠原気団におおわれ、高温でじめじめする ・積乱雲が発達、夕方に激しい雷雨
秋雨	小笠原気団　vs オホーツク海気団	・オホーツク海気団が小笠原気団と勢力争いする ・台風（発達した熱帯性低気圧）も来る
秋	シベリア気団の登場	・乾燥したシベリア気団が来ると、日本の秋は終わる

冬：大陸→ 海（太平洋）
シベリア気団からの風

夏：海（太平洋）→ 陸
小笠原気団からの風

冬と夏の季節風（モンスーン）
一般に季節風をモンスーンともいう。

①：北海道の雪道。　②：山崎川の桜（愛知県）。　③：渥美半島（愛知県）の砂浜。
④：富士山周辺（山梨県）の紅葉。

☐ 豪雪地帯

豪雪地帯
5000cm日（積雪量×日数）以上で、政府が指定する地域。日本は国土の半分が該当する世界屈指の豪雪国。

■ シベリア気団による冬の季節風

冬の北風は、日本海側と太平洋側で湿度に大きな違いがあります。

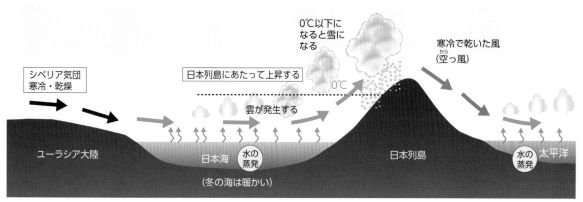

0℃以下に
なると雪に
なる

日本列島にあたって上昇する

寒冷で乾いた風
（空っ風）

シベリア気団
寒冷・乾燥

雲が発生する

0℃

ユーラシア大陸　　日本海　水の蒸発　　日本列島　水の蒸発　太平洋

（冬の海は暖かい）

※日本海側は大雪になるが、太平洋側は乾燥した北風が吹くだけ。

第6章

14 台風の一生を調べる

台風は巨大なエネルギーの塊^{かたまり}です。その進路や発達過程は複雑で、暴風暴雨をもたらし、大きな被害を与えます。

台風の条件

- 太平洋、南シナ海にあること
- 熱帯低気圧（等圧線が同心円状）
- 前線がない
- 最大風速が 17.2m/ 秒以上
- 激しい上昇気流で積乱雲をつくる

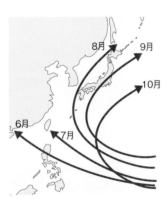

日本付近を通過する台風の進路図
台風の原因である熱帯低気圧は1年中発生する。進路は日本周辺の気団、偏西風、低緯度の東寄りの風（春）によって決まる。また、温かい水蒸気の供給が衰えると、温帯低気圧か熱帯低気圧になることが多い。

世界各地の熱帯低気圧

タイフーン	・北西太平洋（日本）
ハリケーン	・北東太平洋 ・メキシコ湾、カリブ海
サイクロン	・南太平洋 ・南北インド洋

生徒の感想

- 台風はわた飴みたい！
- 台風は日本を飲み込んでしまう。
- 台風1号は、2月頃にできる。
- 先生に伊勢湾台風のDVDを見せてもらったけれど、とても大きな災害だった。台風は予測できるから、いろいろ準備しようと思う。

■ 台風18号の観測（2018年9月〜10月）

実際の台風の動きを欄外の進路図と照らし合わせてみましょう。

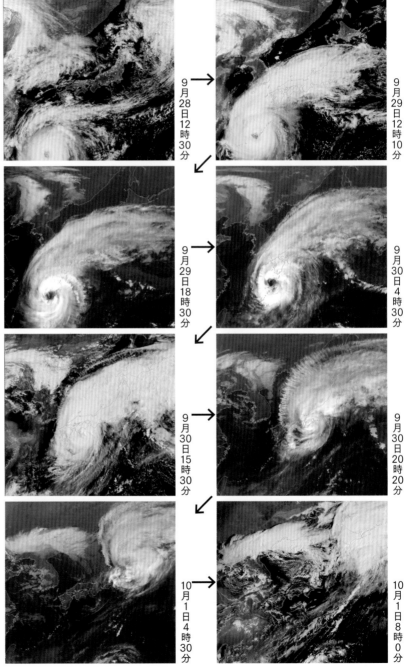

9月28日12時30分

9月29日12時10分

9月29日18時30分

9月30日4時30分

9月30日15時30分

9月30日20時20分

10月1日4時30分

10月1日8時0分

（出典：気象庁 https://www.data.jma.go.jp/sat_info/himawari/obsimg/image_typh.html#obs_j20180928）

■ 気象災害と防災

　気象予報は、科学技術の発達で年々精度が高くなっています。気象庁の HP には、気象防災として気象警報・注意報やキキクル（危険度分布）などがあります。土砂災害、浸水、洪水などの詳しい情報もタイムリーに掲載されるので、チェックしてみましょう。また、地震・津波、火山などの警報や予報も掲載されています。

■ 水の粒の大きさによる分類

　大気中に浮かぶ水滴は、その大きさによって分類します。

名　前	直径（mm）	速さ（m/秒）
雷　雨	3	7.8
雨	1〜2	4〜6.2
細かい雨	0.5	2.2
霧	0.15	0.5

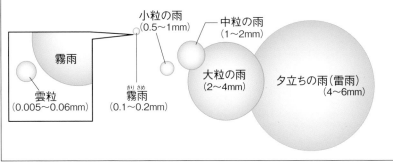

■ 小規模な低気圧による海陸風

　海岸の風は、昼と夜で逆向きになります。陸と海の温度の逆転が原因です。昼、陸で熱くなった空気の密度は小さくなり、上昇気流になります。それにつられて、海風が吹くわけです。このような小規模な暖かい空気の塊を「熱的低気圧」ということもあります。

過去の気象災害

主な気象災害は土砂崩れ、洪水、浸水、水不足、高潮、竜巻、雷、台風、暴風、豪雨など。

2011年7月	新潟・福島豪雨
2011年8月	台風12号
2012年7月	九州北部豪雨
2014年8月	8月豪雨
2015年9月	関東・東北豪雨
2018年7月	九州北部豪雨
2018年7月	西日本中心の豪雨

※津波や地震災害は、第5章

気象災害に対する備え

個人対策	公的対策
・非常用品の蓄え ・避難場所、連絡方法の確認	・堤防、調圧水槽、遊水池、ハザードマップ、防災訓練、各種警報

SDGs の 13 番目の目標
「気候変動に具体的な対策を」

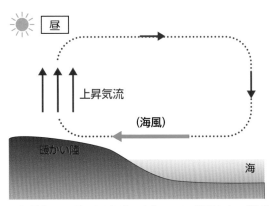

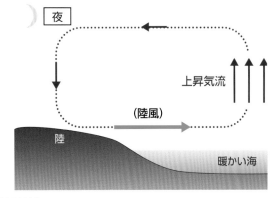

※水（海）は、陸よりも温度が変化しにくい性質をもつ（比熱容量が大）。
※ p.126 の亜熱帯高圧帯にあるチベット高原では、夏に大規模な熱的低気圧が発生する。

15 身近な気象観測

身近な気象観測をしてみましょう。観測とは、ある一定期間、同じ条件で調べることです。飽きずに同じことをくり返すことが気象観測の第1歩です。何事も同じですね。

準　備

- 温度計、湿度計、グラフ用紙
  （気温、湿度）
- 割り箸、ビニールひも、方位磁針
  （風向、風速）

気象と気候

大気の現象を気象という。気候は、ある地域の特徴ある天気や気象の長期間にわたる平均の様子をいう。

家庭用の温湿度計

いろいろなタイプが市販されている。気圧計つきなら、気圧が下がれば雨になることも予測できる。

晴れの夜は放射冷却

晴れの夜は、地表が放射する熱を反射吸収する雲がないので寒くなる。（放射冷却）。分厚い雲の夜は暖かい。

測定データの扱い方

測定値は正確に打つが、各点は定規を使わず、滑らかな曲線（全体の平均）で結ぶ。誤差が大きい値は無視する。

生徒の感想

- 晴れと雨ではグラフの形がまったく違う。湿度は気温と正反対だった。
- 建物の近くは複雑に風の向きや強さが変わった。
- 急に雨が降り出したときは、気温も急に2、3℃下がった。

■ 気温と湿度の関係を調べよう

風通しの良い日陰のベランダなど、安定した条件で定点観測できる場所を探してください。気温と湿度の変化を調べてみましょう。

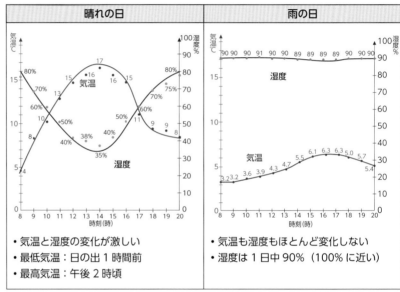

晴れの日
- 気温と湿度の変化が激しい
- 最低気温：日の出1時間前
- 最高気温：午後2時頃

雨の日
- 気温も湿度もほとんど変化しない
- 湿度は1日中90%（100%に近い）

※湿度は、気温によって大きく左右される。気温が高くなると飽和水蒸気量が大きくなり、水蒸気量が同じなら湿度が下がる（p.136）。

■ 快晴、晴れ、曇りの区別

雨や雪が降っていない日の天気は、雲量を目分量で決めます。

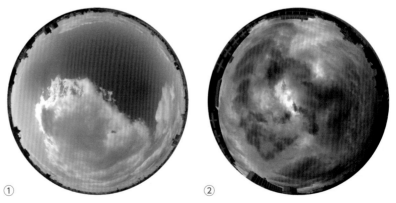

① ②

雲が全天をおおったときの雲量を10とする。快晴は0～1、晴れは2～8（写真①は雲量5）、くもりは9～10（写真②）。雲があっても快晴、太陽が出ていても曇りの日もある。

■ 風向、風速を調べよう

　風向は風が吹いてくる方向です。冷たい北風は、北のシベリアから吹く風です。また、強さや方向は不安定なので、下のような簡単な器具で風向と風速を調べると、平均値の意味がわかります。

①：ビニールひもを割りばしにつけ、細かく割る。　②、③：方位磁針と一緒に、適当な台に固定し（手に持つだけでも良い）、いろいろな場所で調べる。

■ 気象の主な観測項目（気象要素）

　天気は気温、湿度、風、雲量、雨（雪）などを総合的に判断した大気の状態です。この他、1953年からサクラが咲いた、ウグイスが鳴いた、などの生物季節観測も始まりました。

観測項目	定　義　（測定方法）	最小単位
気　温	・大気の温度	0.1℃
湿　度	・大気の湿度	1%
風　向	・風が吹いてくる方向（10分間の平均）	16方位
風　速	・風の速さ（10分間の平均）	1m/秒
気　圧	・大気の圧力	1hPa
雲	・雲は10種類にわける（p.140） ・雲の量は、0から10の11段階で目測する	1
降水量	・雨や雪などの量（雪、あられ、雹、みぞれなどは融かしてから測定）	0.5mm
降雪量	・地面からの高さを測定	1cm
日照時間	・太陽が照らした時間（p.127）※日射量はp.49	0.1時間（6分）

 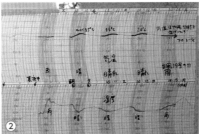

①、②：学校廊下に設置した温湿度記録計、および、その記録用紙。

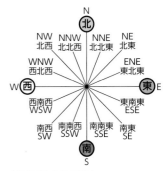

方位は16方位で表す
アルファベットで書くと速い。

ザルツブルク市街の風見鶏
歴史的建造物はユネスコ世界遺産にも登録されている。

気温に関する気象用語

猛暑日	最高気温 ≧ 35℃
真夏日	最高気温 ≧ 30℃
夏　日	最高気温 ≧ 25℃
熱帯夜	25℃ ≧ 最低気温（夜中）
冬　日	0℃ ＞ 最低気温（早朝）
真冬日	0℃ ＞ 最高気温（昼中）

日本タンポポで行う生物季節観測
各地の気象台は、地域の特性に応じた生物を選び、毎年同じ場所で観測を続けている。

第6章

16 天気図を書こう

天気図を見ることはあっても、自分で書いた経験がある人は少ないと思います。ラジオの気象通報から書いたり、天気図を書き写したりしてみましょう。天気に関する理解が深まります。中学生でも取得できる国家資格・気象予報士を目指しても良いですね。

■ 一覧表の記入項目

放送の順序は、各地の気象（風向、風力、天気、気圧、気温）、船舶からの報告、周辺の低気圧と高気圧、前線、等圧線、その他です。

風　向	・16 方位で放送される ・英語で記述すると速い（北：N、北東：NE、南南西：SSW）
風　力	・放送された風力の数値を書くだけ（13 段階）
天　気	・「快晴」「晴」「曇」などの天気記号を書く（p.153）
気　圧	・1000 は省略して記述する（1013hPa は 13）
気　温	・放送された気温の数値を書く

■ 天気図用紙 No.1 の記入例

天気図用紙の左上には、各地の天気の一覧表があります。初心者はここに記入し、放送が終わってから地図に書き写します。慣れてきたら、地図に直接記入するようにしましょう。低気圧は L、高気圧を H と示します。等圧線が正確に書けるようになれば、中学レベルは卒業です。

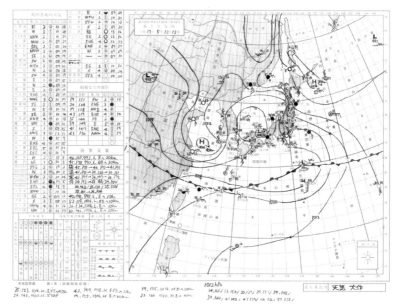

※新聞の天気図、気象衛星ひまわりの写真と合わせてみるとよい。

準　備
- 天気図用紙 No.1（日本気象協会版）
- AM ラジオ（できれば録音機能付き）

天気図用紙 No.1
天気図用紙は初心者向き No.1 と携帯用 No.2 があり、No.1 にはデータ一覧表と地図がある。

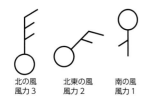

北の風　　北東の風　　南の風
風力3　　風力2　　　風力1

天気、風向と風力の表し方
天気は○の中に、風向は吹いてきた方向に直線を、風力は風向の直線に13段階（0～12）で書く。

小学校に設置された風向風速計
校庭で計測されたデータは職員室のパソコンへ送られるしくみ。

未来の気候を予測する「数値予測」
最近はスーパーコンピューターによる「数値予測」が盛ん。気候変動のシミュレーションも行う。

■ 天気の記号

　以下は日本式天気図に使われる天気の記号です。国際式天気図とは違う記号ですが、簡潔でわかりやすいものです。地図上に示すときは、風向と風力を加えます。また、「天気の記号」の左には気温、右には気圧を書いて表記することもあります。

快晴	晴れ	くもり	雨	にわか雨	霧雨
雨強し	雪	にわか雪	みぞれ	霧	煙霧
砂じんあらし	地ふぶき	雷	ひょう	あられ	天気不明

天気と降水

雨	・液体の水
雪	・結晶した水（氷）
霙（みぞれ）	・雨と雪が混ざったもの
雹（ひょう）	・氷の粒（直径5mm以上）
霰（あられ）	・氷の粒（直径5mm未満）

■ 名古屋地方気象台の観測機器

　屋外の芝生（露場）には、気温、湿度、降水量、積雪などを計測する機器があります。建物上の球体は電波を使ったドップラーレーダーで、半径約300kmの雨や風を観測します。

ウィンドプロファイラ
波長20cmの電波とドップラー効果（p.7）で、上空の風を調べる。

日射量、日照時間を測る機器
マイク形のものは日照時間、左上のおわん形のものは日射量を測る。

①：名古屋地方気象台と露場。　②：雨量計（0.5mm単位）。　③：感雨器（降水の有無を観測）。　④：ドップラーレーダーが捉えた台風、大雨、大雪。

Automated Meteorological Data Acquisition System（AMeDAS、アメダス）
雨、風、雪などの気象状況を時間的、地域的に監視するために、降水量、風速、気温、積雪などの観測を自動的に行うシステム。気象災害の防止・軽減に重要な役割を果たしている。

生徒の感想

・勉強はできないけれど、天気図は書けるようになった。
・最近は、防災の話をよく聞くので、天気図をもっと書けるようになりたい。

第6章

17 地球と共に生きよう

　星や石や雲を友達のように名前で呼べるようになりましたか。地学は生命をもたない自然物に対して愛情を感じることが目標の1つです。多様な宇宙、地球の自然をくり返し調べましょう。

■ 地球科学の目標

　自然は克服するものではありません。自然と共に生きる姿勢、客観的な科学的思考、観察や観測の技術、知識を身につけることが地学の目標です。そのゴールはSDGs、自然との共生です。

バオバブの木
力強く生きる生命の象徴のように見える木は、人間の手によって砂漠化された大地に生き残った植物の姿。

自然と共に生きるラオスの人々　筆者がラオスのある村で出会った人々は自給自足の生活をしていた。その生活は自然と共に生きることであり、他の生物や自然物をヒトと同じように大切にする生き方であるように感じた。

小笠原諸島でホエールウォッチング
2011年、小笠原諸島はユネスコ世界自然遺産に登録され、自然保護が義務化された。写真は春先によく見られるザトウクジラ。

■ 世界各国の人々の暮らし

　地球はたくさんのエネルギーを太陽からもらっています。そして、世界各国の人々の暮らしは、その地域の気候や自然環境と密接な関係にあります。宗教を超えた自然との暮らしがベースにあります。

①：**テオティワカン遺跡（メキシコ）**　標高2200mにある古代宗教都市。太陽のピラミッド、月のピラミッド、死者の大通りなど独自の宇宙観をもっている。
②：**ハバナ（キューバの首都）**　亜熱帯性海洋気候（熱帯性サバナ気候）で、平均気温25.5℃。年間を通して豊富な果実が採れ、豊かな食生活が楽しめる。